别说你会过日子

木鱼咚咚/著

清華大學出版社
北京

图书在版编目（CIP）数据

别说你会过日子 / 木鱼咚咚著 . —北京：清华大学出版社，2015
ISBN 978-7-302-38637-7

Ⅰ . ①别… Ⅱ . ①木… Ⅲ . ①生活—知识 Ⅳ . ① TS976.3

中国版本图书馆 CIP 数据核字（2014）第 277856 号

责任编辑：刘志英　娄志敏
装帧设计：王文莹
责任校对：王凤芝
责任印制：杨　艳

出版发行：清华大学出版社
网　　址：http://www.tup.com.cn，http://www.wqbook.com
地　　址：北京清华大学学研大厦 A 座　**邮　编：**100084
社 总 机：010-62770175　**邮　购：**010-62786544
投稿与读者服务：010-62776969, c-service@tup.tsinghua.edu.cn
质量反馈：010-62772015, zhiliang@tup.tsinghua.edu.cn
印 装 者：清华大学印刷厂
经　　销：全国新华书店
开　　本：148mm×210mm　**印　张：**7.75　**字　数：**154 千字
版　　次：2015 年 2月第 1 版　**印　次：**2015 年 2月第 1次印刷
定　　价：36.00 元

产品编号：060719-01

引 子

我们常说，居家过日子，得有两招，可是在 W 小区，猫妈简直就是一本活的生活百科全书，啥都知道。加上人好，自然成了邻居们的热心又名副其实的生活顾问。因此，如果你也恰巧住在 W 小区，遇到这些问题，就都不是什么事儿了：

最近头发掉得好厉害，怎么办？
新买的毛衣又起球了，怎么办？
文胸老是到处跑，怎么办？
煮面条老粘锅，怎么办？
茄子一炒就发黑，怎么办？
大米爱长虫，怎么办？
地板上的污渍擦不净，怎么办？
小猫总爱跑到床上去尿尿，怎么办？

无数令邻居们措手不及的烦恼，猫妈却总能三下五除二就把它们搞定！猫妈虽不是机器猫，但照样神通广大，生活中没什么琐事能难得住她。做料理、打扫卫生、养花草、布置房间、废物利用、穿衣搭配、家具护理、身体保养……只要与生活有关，她样样都在行。

如果有人问：是什么练就了神一般存在的猫妈？

她自己会说：是生活——

生活看似复杂，实则简单。只要你勤于思考，敢于实践，多多总结，知道并能真正运用这些生活诀窍，那么，好多看似棘手的问题都会变得无比简单。你一出手，所有小麻烦都被轻松搞定了。

目录 CONTENTS

Small

Small

Part 1 对付衣衣

毛衣起球怎么办？

到了穿毛衣的季节，很多人都为毛衣起球而烦恼。
“呀，每一件都起球，怎么穿出门呢？”
猫妈就没有这样的烦恼，因为在她看来，对付毛衣起球这种小麻烦根本不在话下。

为什么会起球?

要对付毛衣起球这种麻烦，先得了解毛衣为什么会起球。

起球，是绒线、毛线织品的共性。因此，遇到这种情况一般不必怪自己买错了东西。

绒、毛线织物在穿着和使用过程中受摩擦力和拉力等作用，突出表面的短小纤维易形成环状或单头脱离状，久而久之就结球了。

●长度短、细度不匀的低档衣料容易起球。

●像胖花织物、抽条织物等表面不平伏、织得比较蓬松的衣服，容易起球。

●把绒线、毛线织物穿在里子粗糙、坚硬的外衣中，容易起球。

●外穿时，袖口、肘部易受摩擦，容易起球。

●注明“小心手洗”的衣物被随便丢进洗衣机搅洗，容易起球。

怎样预防起球？

要使绒、毛织品既柔软、透气、贴身，又完全不起球，似乎是个国际性难题。

目前，服装界还没有研发出可以彻底解决绒、毛织品起球的工艺。所以，要想毛衣不起球，只好未雨绸缪，预防在先了。

●购买绒、毛织品时，尽量挑选细支羊毛绒线、丝光绒线等纤维长、毛线细度均匀、表面光滑平整的织品。

●毛衣外穿时，尽量避免靠近粗糙的墙面、桌面等，以防被刮伤、擦伤。

●运动及野外郊游时，最好不要直接将毛衣穿在外面。

●如果长期从事案头工作，可戴一个质地丝滑的护袖以减少肘部及袖口处与桌子之间的摩擦。

●搭配时，与毛衣接触的外衣里子尽量选择质料光滑、柔软的，否则易因摩擦起球。

●洗涤时，应将毛衣翻过来、正面朝内，并使用专门的毛衣清洗液。

●尽量手洗，轻轻抓洗，不要搓洗。机洗时最好套上洗衣袋。

一旦起球怎么办?

如果由于种种不小心，致使毛衣起球，那就只好想办法把球球去掉，让毛衣重新恢复平整了。以下几种办法，不妨试试。

●用剃须刀。如果只是局部起球，“去球”工具信手拈来——拿家里的剃须刀轻轻一刮，毛衣表面的球球就消失不见了。

●用毛衣修剪器。如果家里有专门“去球”的毛衣修剪器，用它，球球必除。

●用轻石和海绵。如果没有毛衣修剪器，拿轻石或较硬的海绵在摊平的毛衣表面轻轻一划，毛衣表面凸起的球球也可以被清理掉。

处理禁忌

●用手扯

猫妈："亲，你就不怕越扯越长吗？扯出来的毛线还是会很快结成球球哦！"

●用剪刀剪

猫妈："不要啊！好端端的毛衣会被剪成秃子的！"

羊毛衫爱掉毛怎么办？

●淀粉浸泡法

经过淀粉浸泡的羊毛衫就不爱掉毛了，以下步骤仅供参考：

1 准备半盆凉水，溶解一汤匙淀粉。

2 把羊毛衫放进淀粉溶液里，浸透。

3 掏出羊毛衫，不要拧，沥净水。

4 准备一盆水，溶解少量洗衣粉。

5 把羊毛衫放进溶解洗衣粉的水中，浸泡 5 分钟。

6 漂洗干净。

7 装在网兜里沥水晾干。

兔毛衫爱掉毛怎么办?

●冰箱冷冻法

这是个神奇的办法：把新买的兔毛衫装进干净的袋子，封好口，在冰箱里冷冻三四天，兔毛衫的稳定性就强多了。不信试试看。

●粘毛法

这一招叫“先下手为强”。你不是爱掉毛吗？好，我先用黏性好的宽大透明胶把表面的毛毛粘一遍，看你还掉不掉。轻轻粘过之后，兔毛衫爱掉毛的坏习性就会改善好多。

冰箱冷冻法

为什么纽扣总错位？

穿纽扣多的衣服，有一个烦恼：纽扣容易错位。纽扣错位了，而自己还扬扬得意，浑然不觉。

为什么纽扣会错位？

原因不外乎这么两点：

1 习惯不好。习惯先扣第一个纽扣，或是碰着哪个扣哪个，扣完不检查。

2 做事匆忙、着急、慌乱、粗心。

如何做到不扣错？

- 把下摆的衣襟拉整齐。
- 先扣最后一个纽扣，再依次一个个往上扣。
- 不要着急。与其挤出几十秒扣纽扣的时间，不如早起床一分钟。

纽扣（拉链）崩掉也麻烦

纽扣是缀饰，也很实用。突然崩掉一枚纽扣，不但影响美观，有时还会引来无限尴尬，尤其是这些地方的纽扣：

●对于女士来讲，衣服前襟，尤其是胸前的纽扣（拉链）千万别掉，免得“春光乍现”。

●对于男士来讲，裤腰处，尤其是“大门”处的纽扣（拉链）千万别掉。

学点儿预防小技巧

纽扣崩掉，无非有三方面原因：纽扣质量差，钉得不牢固，外力太大把纽扣挤掉。所以，要想不因纽扣崩掉出糗，就从三方面来预防吧，做到这三点，基本上就不会“栽”在纽扣上了。

要想不因纽扣崩掉出糗，最好的办法就是加固缀紧，有备无患嘛。

1 重新缀扣。很多新衣服的纽扣缀得太松，轻轻一拽就会脱落。因此，对于新买来的衣服，最好把所有纽扣重缀一遍，以确保牢固。

2 如果嫌一一重缀纽扣麻烦，也可在纽扣缝线处涂上透明指甲油。等指甲油凝固，缝线都被凝结在一起，纽扣会变得很牢固。这一招对女士们来讲简直易如反掌。

3 用别针、腰带辅助预防。为以防万一，穿带有纽扣的衣服出门时，最好随身携带几枚别针。若是带纽扣的下装，则最好系腰带。这样，即便发生纽扣突然崩掉的意外，也不会手足无措了。

文胸乱跑怎么办？

女生穿戴文胸是为了塑形和健康，但有时也会出糗，比如文胸背扣松动、肩带滑落、文胸位置跑偏……不但穿着不舒服，还令人十分尴尬。文胸的位置出了问题，又不像外衣可随时调整，因此得知道一点儿针对不同情况的应对策略才好。

背扣松动怎么办？

文胸背扣质量差，或文胸胸围偏大，容易造成穿戴文胸时背扣松动的现象。

●检查背扣。如果背扣的挂钩不紧，拿小钳子轻轻夹一下，使挂钩不能轻易从挂扣里滑出。

●如果是文胸胸围偏大，调整到最小档还是偏大，那就只好考虑重新购买文胸了。

肩带滑落怎么办?

●肩膀瘦削又溜肩的女生，容易出现文胸肩带滑落问题，出门时，最好穿 X 形（交叉型）肩带的文胸，和 U 字形（绕颈型）肩带的文胸。

●购买文胸时要仔细挑选，选择有防滑功效、弹力好，并有一定厚度的肩带。可以在挑选时使劲拉一下肩带，如果肩带不发生卷曲或出现波浪线现象，则弹力较好。

为什么文胸喜欢往上跑?

●肩带偏短、偏紧，会提着文胸往上跑。

●小胸的姐妹，如果穿戴的文胸下围太大，容易出现文胸往上跑的现象。

●胸部丰满的美眉，尽量选择包覆效果较好的 3/4 杯型的文胸，穿 1/2 杯型的，有可能出现文胸往上跑的现象。

正确的文胸穿戴法

●将肩带套在肩上，上半身略向前倾，呈 45 度，托住胸罩下面的钢圈。

●将两边的乳房全塞入罩杯内，上半身保持原来的姿势，扣上扣环，腋下和背部的赘肉都塞进罩杯里。

●调整肩带长度，以伸进一指的松紧度为宜，再将手上举，测试胸罩下围有没有上滑。

●将手伸进罩杯旁边，将四周的赘肉拨进来，然后将胸罩两侧拉平。

●抓着后面的扣环往下拉，再稍微调整一下，使文胸穿戴既舒适又美观。

我们不能保证每一件文胸都一定合适，但可以有备在先。

怎样应对文胸跑偏?

●文胸肩带因太长松动滑落时，可找一根细线，将背后把两条肩带拉起来，这样肩带被拉紧，就不会再滑落了。

●文胸后背扣松动时，可暂用一枚小别针扣住。但一定要注意：扣别针时，要把针别到背带外面，以防不小心滑出后刺伤皮肤。

丝袜爱破怎么办？

穿丝袜清爽、靓丽、性感，但也有很多小麻烦，比如容易被刮丝，出现破洞后穿着很难看，有时动一动就会往下滑，影响美观和舒适，而且不小心穿有瑕疵的丝袜出门还会损坏美好形象。

怎样才能使丝袜经久耐穿，还可以规避以上种种小麻烦呢？

怎样让丝袜更耐穿？

●冰箱冷藏。新买的丝袜不要马上就穿，先把它放进冰箱冷藏室，冷藏一天后取出，可增加丝袜的纤维韧性，不易被刮丝。

●醋水加韧。为加强丝袜的韧性，还可将丝袜从冰箱取出后，用醋水浸泡 30 分钟，捞出晾干后再穿。

●防干防静电。穿丝袜时，如果手和脚上的皮肤比较干，可用手沾水轻轻拍在腿上，以软化腿上的皮屑，手上的皮肤也最好湿润些，这样可减少静电，减少刮丝情况的发生。

●拒绝“毛手毛脚”。勤修手指甲、脚趾甲，指甲不要太尖，把脚后跟的硬皮磨光滑，看似在保养手和脚，其实也是在保养丝袜，可免去一不小心将丝袜刮丝、戳出破洞的烦恼。

●小心清洗。清洗丝袜时，最好使用洗发液，再滴几滴醋，并用手轻轻搓洗。

●避光风干。洗后的丝袜要挂在自然通风的阴凉处晾干，避免阳光曝晒，否则容易失去韧性。

丝袜勒腿怎么办？

丝袜口太紧也不好，会勒腿、勒脚踝，穿着难受，时间长了还影响血液流通。有两个小办法可解决袜口太紧的问题。

1 小硬币救急。取一枚硬币，把袜口往下往内翻卷一折，将硬币卷在里面。这样袜子和腿之间有了空隙，就不会勒腿了。

2 丝袜口下推。如果丝袜太紧，可以适当往下拉一拉。人的腿部上粗下细，往下拉了之后会有所缓解。

怎样防止丝袜下滑?

丝袜下滑，多半由于质量较次，或穿久了失去弹性。穿着松松垮垮、不住地往下滑的丝袜出门，会令人无比尴尬。怎样才能避免和应对丝袜下滑的苦恼呢?

●最专业的做法——吊袜带

如果你穿长筒丝袜，可以买一副吊袜带，这是最“专业”的防丝袜滑落法。

●最简单的做法——防滑胶

市面上有专门的带防滑胶的丝袜，不过对防滑胶过敏的人还是慎用。

●最保险的做法——连裤袜

最保险、最万无一失的办法，就是干脆穿一条连裤袜。

●最俭省的做法——丝袜套圈

将破损的丝袜剪下一小圈，套在丝袜的袜口上，这样也有很好的防滑效果。

●最无奈的做法——硬币防滑

丝袜滑落，在实在没有其他办法的情况下，也可用硬币来救急。方法是：拿一枚小硬币放在丝袜口，翻下丝袜卷一折，把硬币折在里面，丝袜口就不会再打卷下滑了。

硬币防滑

废旧丝袜的妙用

丝袜是消耗品，很容易损坏。但不要丢掉拉丝、破洞的丝袜。学一学猫妈，把它们利用起来吧！

1 透明皂、香皂快用完时剩下的小碎片可以通通放进丝袜里，攒到一起再用。

2 可以给浴室地漏套一只丝袜，这样就不用担心被一堆头发缠住，不好清理了。

3 将丝袜套在清洁地板的扫帚上，可以有效清除头发、棉絮等难以处理的脏东西。

4 冬天用的棉毡垫暖和但容易起球，要是在外面套一只丝袜，就能有效防止起球。

5 剪下一块丝袜，缝在棉袜的后跟上，可使后跟不易被磨破，延长棉袜的使用寿命。

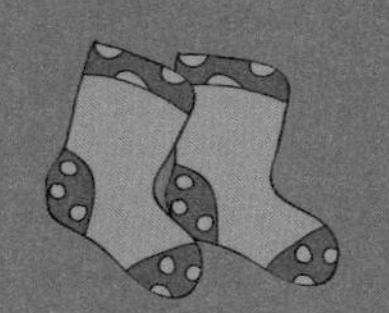

鞋子闹意见怎么办？

劳动要靠手，出行要靠脚。脚能走远，活动舒适不舒适又全靠一双鞋，可见鞋之于脚是多么重要。然而，好鞋难配脚。一双鞋穿在脚上，总会遇到这样或那样的问题，如鞋垫外跑、新鞋挤脚、鞋带爱松、鞋底易滑……总给出行带来各种麻烦。

对于这些麻烦，再厉害的人，比如猫妈，也不能彻底将它们从源头上解决。不过，不管什么麻烦，总会有办法处理的。

鞋垫往外跑怎么办？

出门在外，正走在路上，鞋垫突然一截一截往外跑，很是不雅，也不舒服。鞋垫总往外跑，是因为鞋子太大，鞋垫又太软的缘故。应对鞋垫总往外跑的办法很简单：去超市买个双面胶，把鞋垫往鞋上一粘，它就会乖乖待在里面了。

新鞋磨脚怎么办？

很多新鞋都有磨脚的毛病，但穿一穿又会变大，如皮鞋，因此在购买时，售货员都不建议买大一点儿的鞋。可每双新鞋总有穿第一回的时候，怎么才能避免磨脚呢？

●穿丝袜。丝袜可减少鞋与脚的摩擦，避免脚皮被磨破。

●软化易磨脚处的皮革。一般新皮鞋都是鞋后跟处及鞋头内外侧较容易磨脚，当然哪里容易磨脚，也跟脚形和鞋形有关。买到新鞋，可先试穿一下，找出穿在脚上较紧的位置，然后用湿海绵（可蘸水、蘸酒精）把易磨脚部位的鞋革沾湿。待其软化后，就不易磨脚了。

●软化后跟。如果后跟磨脚，可用锤子把鞋后跟磨脚处轻轻砸几下，就不那么磨脚了。对于普通鞋可用这个办法，高档皮鞋就免了，恐怕一般人很难下得了手。何况，越是优质高档的皮鞋，皮质越柔软，做工越精良，一般来说不太会磨脚。

●透明胶减小摩擦。穿着一双新鞋出门，结果发现鞋子很磨脚，怎么办？最简易的办法：买一个大透明胶，剪下一片贴在鞋子的磨脚处。透明胶很光滑，可以大大减小鞋和脚之间的摩擦。

●创可贴。有的鞋穿好多次还是磨脚，但鞋子磨脚不能不穿，最无奈的办法就是穿新鞋出门时，随身携带几片创可贴，以防止脚受折磨。

鞋带老散怎么办？

很多鞋子都要系鞋带，如运动鞋、帆布鞋，穿着是舒适，最大的麻烦就是鞋带爱散，走路绊脚。这个问题怎么解决呢？

●如果鞋带不是很长，可以把鞋带在鞋孔里穿两道，这样既免去了系鞋带的麻烦，也免去了鞋带散开绊脚的麻烦。

●如果鞋带太长，可以先将鞋带打一个大蝴蝶结，尽量把抽出的两股拉长，然后再用长长的两股打一个蝴蝶结。系双重蝴蝶结，既美观，又不容易散开。

鞋底打滑怎么办?

有的鞋子虽然时尚漂亮，可鞋底是用塑料做的，又没有防滑设计，遇到雨天、雪天，或行走在光滑的地板上，十分容易打滑，走起来很不舒服。怎样才能让鞋底不易打滑呢?

●最俭省的做法——贴胶布。这是最便捷、最经济的办法。剪下几条胶布贴在鞋底（要布胶，不要透明胶哦），可以起到不错的防滑效果，而且贴一回可以用几回，省事又省钱。

●最新奇的做法——淀粉防滑。拿一个生土豆，用它磨鞋底。土豆富含淀粉，用它磨过的鞋底会有一定防滑效果。

●最匠气的做法——锉出“磨砂底”。鞋子打滑是因为鞋底太光滑，与地面之间的摩擦力不够。找一把锉子，在鞋底轻轻搓几下，可以增加鞋底的摩擦力，具有一定的防滑效果。

鞋子易发臭怎么办?

透气性不好的鞋子穿久会臭。臭脚和臭鞋总是讨人嫌的。以前，猫爸去朋友家做客，进屋一脱鞋，突然窜出的臭味常令他颜面扫地。此后很长一段时间，他都不敢再去进门要换拖鞋的朋友家。最后，还是猫妈治好了他的“脱鞋恐惧症”。

●木炭除臭

木炭、活性炭吸附性强，放适量在鞋子里，不但能有效吸潮，还可吸走汗臭，使鞋子干燥舒爽。

●天然植物除臭

柠檬片、晒干的残茶叶和橘皮都能吸潮除味，还能散发出一股清香。如果懒得天天换洗鞋子，不妨每次脱下鞋子后，往里面放一些柠檬片、残茶叶等，无毒无害，还能废物利用。

●酒精除臭

酒精能消毒，挥发也快。取一张纸巾，用酒精浸湿，然后摊在鞋垫上，放在太阳下一晒，鞋臭可以得到有效去除。

●苏打粉爽身粉除臭

将一定量的苏打粉、爽身粉撒在鞋子里，也有一定吸汗除臭效果。

●烘鞋器

还可以用烘鞋器，将鞋子烘干、除臭、杀菌。

衣服爱掉色怎么办？

掉色是人们在洗衣服时的最大苦恼之一。呼啦啦一堆衣服被丢进洗衣桶，出来的衣服便如进了一个大染缸，黑的、红的、绿的、紫的全染一块儿了。可是，一件一件洗也不太现实啊！既要洗得干净，又要洗得轻松，该怎么办呢？

怎么洗才能不掉色、不混色？

●纯棉衣服防掉色

纯棉不怕热。如果是新买的纯棉衣服，建议先放在热水里浸泡后晾干再穿，这样可以使衣服耐磨又不褪色。不过，一定要是经过特殊处理能防缩水的衣服。

●牛仔布防褪色

牛仔裤穿的时间久了容易褪色。为防止牛仔裤褪色，可以把新买来的裤子放在浓盐水中浸泡几个小时，然后再用清水洗净，以后再洗就不容易褪色了。

●毛衣防褪色

在洗涤前，先把有色毛衣用凉茶水浸泡 10 分钟，然后再按平常的洗涤方法进行清洗，可防褪色。

●深色织物防褪色

把红色、黑色等深色棉织物买回家后，可以先用添加了适量醋的水洗涤一下，能达到防止褪色的效果。

●高级衣服防掉色

洗高级衣服时，可以在水中加入适量明矾，也可减少或防止褪色。

●隔离清洗

将深色衣服、浅色衣服分开洗，可防止混色。如果非要一起洗，最好使用洗衣袋隔开。

易掉色的衣服千万不要这样洗

●在热水中长时间浸泡。

●在肥皂水、碱水中长时间浸泡。

●没经防掉色处理就跟别的浅色衣服浸泡在一起混洗。

●用毛刷搓洗。

●在洗衣板上使劲搓洗。

这样晾晒可防褪色

●把衣服翻过来，里面朝外、外面朝里晾晒，可减轻褪色。

●不要让衣服在强光下曝晒。

●在需要晾晒的衣服外加一层透气的遮挡物。

衣服爱变形怎么办？

用纯棉、毛线等材质做的衣服，在洗涤过程中容易出现各种变形，如缩水、拉长、起皱等。变形的衣服无法穿出门了，很是恼人。那么，该如何应对衣服变形的问题呢？

易变形的衣服要这样晾

●洗好后不要使劲拧，也不要放在洗衣机里甩干，可用手捏住衣服往外挤水，或把衣服平放在盆里控水，这样可防止变形、拉长。

●如果有条件，尽量选择平铺晾晒，不要垂直晾晒，以防止衣服被拉长。

●使用大小合适、带软外套的衣架，否则衣肩处容易突起变形。

●晾晒毛衣、线衣时最好使用晾衣网。

易变形的衣服要这样洗

●尽量手洗，洗涤时要用手轻轻揉搓，不要太使劲。

●如果要机洗，应该把衣服置入洗衣网中，这样就不容易变形了。

怎样防止衣服起皱？

●用洗衣机洗完衣服后，要马上取出晾晒，放的时间一久，会留下皱痕。

●晾裤子最好使用专门的晾裤架，将裤腿拉直抚平，晒干后就会很平整。

●平时，尽量将爱起皱的衣服晾干后挂起来，不要折叠。

●需要将爱起皱的衣服折叠放置时，如纯棉衣服等，最好放在靠上的位置，或用专门的收纳箱收起来，防止被挤压起皱。

●出门旅行时，衣服不必折叠，把它们一件件卷起来就可以了，既可以减少体积，还可以防皱。

怎样防止衣服缩水?

很多纯棉衣物及毛衣,如果没有经过特殊加工,很可能会出现缩水的现象。对这样的衣服该如何保养,才能防止缩水,或说减少缩水呢?

●纯棉衣服防缩水

① 清洗时,水温不要超过 35℃。

② 不要长时间浸泡在洗涤剂中。

③ 熨烫温度不要高于 120℃。

④ 避免曝晒,最好采用平铺或用圆棍形晾衣架晾晒。

●羊毛织物防缩水

① 温水浸泡洗涤,水温控制在 35℃ ~40℃。

② 洗净后不要用洗衣机脱水,可把一块干毛巾覆在上面,卷起来把水吸干,然后平铺在通风处晾干。

●如果衣服已经缩水,可以把它套在尺寸合适且边缘光滑的厚纸板外,然后用蒸汽熨斗加热复原。

怎样让污渍一去不复返？

不小心沾在衣服上的油渍、茶渍等污渍，用水和普通的洗涤剂很难清除，让人十分苦恼。不过，物物相克，只要知道了每一种污渍的“克星”，要搞定它们就轻而易举了。

白衣服怎样一洗就白

白色衣物好看鲜亮，可不容易洗净。如果洗涤方法不当，用温水、热水浸泡，长此以往还可能使白衣服发黄、长斑。那么，白衣物该如何洗涤呢？

●姜汁去斑

白背心、白衬衣等穿久了易起黄斑、黑斑，用将鲜姜捣烂后放在水中煮沸而成的凉开水浸泡清洗，反复揉搓后能有效去除衣服上的斑点。

● 84 消毒液去污

84 消毒液具有脱色的特性，白色衣服受污染时，可将其浸泡在滴了少许 84 消毒液的水中，衣服上的污物很容易就会被清除。

●橘皮米水汤浸泡增白

将淘米水和橘子皮放在锅里煮沸，晾凉后，把泛黄的衣服放入水中浸泡，可恢复亮白。

●白纸覆盖晾晒增白

将白鞋洗净晾晒时，在鞋面上覆盖一层柔软的白色卫生纸，晾干后鞋子会很白。

各种污渍、霉斑去除法

●衣领、衣袖处的污垢，可用洗发液洗。

●葡萄汁滴在棉质衣服上，可用白醋浸泡数分钟后再用清水洗净。

●沾上油渍，可用洗洁精清洗。

●对于被染色的衣服，可用食盐或陈醋轻搓被染色处，再用清水冲洗。

●沾上钢笔渍，用溶有草酸的水浸泡清洗。

●沾上酱油渍，抹上白糖或苏打粉搓洗。

●沾上油漆，可抹上清凉油再洗净。

●尼龙织物沾上油漆，可抹上猪油搓洗，再用洗涤剂洗净。

●沾上草渍，可用食盐水浸泡再洗净。

●沾上血渍，可用白萝卜或胡萝卜汁洗净。沾污时间较长则可考虑用硫黄皂清洗。

●沾上膏药，可用酒精加水搓洗。

●沾上锈渍，可把衣服浸泡在煮过柠檬片的水中，反复搓洗。

●沾上口红，可用汽油或气泡型矿泉水、调酒用的苏打水轻拍，有很好的清污效果。

●粘上口香糖，可用棉花蘸醋轻擦，也可以把衣物放进冰箱冷藏，等口香糖变硬后再撕下。

●衣服上有霉斑，可用绿豆芽搓洗。

●皮包和皮鞋有霉斑时，可用软布蘸兑了水的酒精擦洗，然后在通风处晾干。

洗涤禁忌

●棉：忌酸，忌温水泡洗（易起黄斑）。

●麻：忌用力搓洗，忌用刷子刷洗、用洗衣板搓洗（易起毛），忌太阳直射。

●丝绸：忌用碱水洗，忌高温，忌阳光直射，忌烘干，忌拧绞。

●羊毛织物：忌用碱水洗，忌在水中泡得太久（易发生缩水），忌用搓板搓洗，忌阳光曝晒（易失去光泽和弹性），忌拧绞（易变形）。

●黏胶纤维织物：要随洗随浸，忌长时间浸泡（易缩水），忌拧绞，忌搓洗（易起毛或裂口），忌曝晒。

●涤纶、腈纶织物：忌曝晒、烘干（太热了易生皱）。

●洗衣粉和肥皂不要混合，否则酸碱中和，会降低洗涤效果。

洁衣小诀窍

●醋水除异味儿

晾晒不当及放久的衣服会有异味儿，可把难闻的衣服泡在醋水中，5 分钟后洗净衣服晾在通风处，可去除异味儿。

●海绵去絮状物

春天，各种花絮到处乱飞，粘在衣服上吹不掉，刷不掉。别着急，这时你只需拿一块浸水后拧干的海绵在衣服表面轻轻一擦，各种尘土、絮状物就不见了。

●沸煮软化毛巾

毛巾用久了会变硬。定期在肥皂水中沸煮，可以保持柔软，防止发硬。

●食盐除汗味儿

夏季，毛巾容易变得黏糊糊，有汗臭味儿，这时可用食盐搓洗，然后再用清水冲洗。

●浸泡后清洗效果佳

洗衣粉溶于温水中（水温不超过 40℃），将衣物在里面浸泡 15 分钟左右再洗涤，效果最佳。

怎样又快又美地穿衣服？

“台上一分钟，台下十年功”，这句话用在穿衣上同样合适。

在W小区，为什么猫妈一家出门时总能穿得优雅得体，而他们的邻居K先生总是临出门就手忙脚乱，不知该穿什么好呢？这是因为平时下的功夫、做的准备不一样。

告别出门乱穿衣

K先生爱犯“出门慌”。每次临出门就会开始发愁：衬衣没有像样的，领带没有合适的，鞋子没有干净的，袜子、手套也是黑一只，白一只，尽是旧的、坏的、颜色不搭的……总之，橱柜里就没有一套像样的衣服能穿出门。

怎么办？最后，每次一阵慌乱后，还是胡乱搭配着穿出去了。

要告别出门乱穿衣，还得从平时做起，像猫妈一样“有序收纳、去陈换新、有备在先”，就不会“出门慌”了。

●配套收纳

衣服要合理搭配，才能穿得优雅得体。平时收纳衣服，应尽量把成套的衣服收纳在一起，或把平时你觉得搭配起来好看的一整套衣服收纳在一起。这样，出门时随便拿起一套穿上就行，不用临出门时还忙着搭衣、试衣。

●常穿衣服要单独备放

尽管每个人的衣柜里都会有很多五花八门的衣服，但常穿的、最喜欢的一般也就那么几套。把当季你最常穿的几套衣服单独放好，如果出门时来不及选择搭配，穿它们就好。

●按季节分类收纳

每个季节的衣服不同。将衣物按厚薄分为冬衣、夏衣、春秋衣三大类，分别收纳好，找衣服穿的时候就可缩小检索范围，根据气温变化快速搜索到需要的衣服。

●按色彩分类收纳

如果你喜欢将衣服进行各种搭配，不妨将衣服按黑、灰、紫、蓝、红、黄、白等颜色分类收纳，便于搭配时挑选。

●提前检查和补配各个季节的必备单品

比如冬季快来时，应在秋末提前整理一下冬衣，看看衣柜里的必备冬衣是否有缺失。若缺失，应及时配备好，以免到时缺衣少穿。

●一个季度或半年进行一次全面清理，将衣物分为需要、不需要、保留三类

将需要的整理好收纳在橱柜中，不需要的处理掉，保留的单独存在一处。这样，在挑选衣服时可以节省很多时间。

●随时准备一些方便搭配的配饰

衣柜中也少不了一些配饰与小件，如内衣、丝巾、

袜子、腰带、胸针等，坏掉的、不能用的、过时的，要及时清理或修补，免得要用的时候缺这少那。

怎样收纳便于快速穿衣？

●常穿的几套衣物最好挂放或叠放在一起，出门时整套取下穿上就行。

●分门别类存放。大件衣物可按季节存放，小件的也应分门别类，每一类别单独存放一个收纳箱，如内衣放一处，袜子放一处，丝巾放一处，帽子放一处，方便寻找与挑选。

●养成固定存放的好习惯。从哪儿拿来，放回哪儿去，使各类衣物有个固定的存放地，可在寻找上节省不少时间。

●花色不同的袜子，最好一双一双套在一起或卷在一起，这样就不会一着急就穿错了。

●鞋子应在回家后及时刷土、抹油，就不必在临出门时还要浪费时间进行清理了。

●爱起皱的衣服，如衬衣等，晾干后要及时熨平整再收纳。

●使用透明收纳箱，便于寻找。

●如果衣物分类多，收纳箱不透明，可在箱外贴上标签，方便检索。

衣服怎样收纳才科学？

衣服也像人一样，各有各的个性。有的怕潮，有的怕皱，有的招虫，有的放久了还会长斑、发霉、出异味儿。要避免类似情况出现，就要学会科学收纳。

适宜挂放的衣服

棱角分明、不方便折叠、易起皱的衣服，适宜挂放。如长久不穿，应在外面套上防尘罩。

●秋冬季节的外套，如棉服、夹克等。

●皮草、皮革。

●套装，如套裙、西服等。

●爱起皱的衬衣。

适宜叠放的衣服

垂挂容易变形的和不易起皱的衣物可折叠放置。

●毛衣吊挂易变形，应折平后叠放。

●针织衣。

●棉、麻织物。

●丝织品。

怎样对付丝绸织品虫蛀、泛黄？

丝织品吸湿性好，且以蚕丝为原料，属动物蛋白质纤维，如存放的地方不够干净很容易引起虫蛀、泛黄和变质。

●怕虫，必须充分洗净、晾干后，存放在干燥、干净的地方。

●怕潮，叠放时应用棉布包好（棉布防潮）放在衣柜的顶层。

●怕压，叠放时衣物上不要有重物，否则易起皱或留下明显折痕。

●怕化学物品，远离樟脑、卫生球、干燥剂、香水等化学物品，沾上后容易泛黄。

●怕光，存放丝织品的橱柜要通风，避免阳光直射。

怎样对付棉衣、皮毛制品发霉、被虫蛀？

●在春天雨季到来之前彻底晾干、收好，南方以 2、3 月份为宜，北方以 4 月份为宜。否则，进入梅雨季，潮乎乎的衣服收起来很容易发霉、被虫蛀。

●折叠整齐后放入严密的箱子内，可防尘、防潮。

●放 3~5 个用白纸包好的卫生球，可驱虫。

●外衣要长期存放时，如果有金属拉链，建议上点儿蜡，可防生锈。

怎样对付皮革变硬、干裂？

皮革乃衣中贵族，十分娇气，它怕水、怕晒，怕湿、怕干、怕酸、怕碱、怕油、怕尘，只有平时多保养，才能延长它的使用寿命。

●穿后勤用柔软的布、丝巾擦拭，去除尘污。

●皮革吸收力强，沾上污渍、饮料等时，应用干净的海绵、棉布吸干，再用柔软的湿棉布轻擦干净，自然晾干。

●沾上油渍，可蘸洗洁精轻擦，去油后用湿布抹擦，勿入水中清洗。

●吊挂时宜用稳固、结实的衣架。

●在皮革外套一件未上过浆的布衣，可防潮、防尘。

●维持 24℃左右的室温和 50% 左右的湿度，可防止皮革变硬、干裂。

怎样穿出香飘飘，好味道？

●在衣柜里放一瓶香水，让它自然挥发，满衣柜的衣服都会散发出自然清香味道。

●在衣柜里放一块香皂，可熏香，可驱虫。

●用棉签蘸一点儿香水放在内衣盒里，穿上后全身会由内而外散发优雅的清香。

皮革保养“三不要”

1 千万不要水洗！水洗后皮衣会变硬。

2 千万不要抹鞋油上光，鞋油会使皮衣变硬。

3 沾水、淋雨后要用干布擦拭，千万不要曝晒或用电吹风吹，否则会变硬、干裂。

怎样辨别真皮、假皮？

同样是皮，真皮、假皮的质量相差十万八千里。同样叫丝，真丝、假丝的使用效果也截然不同。在鱼龙混杂的市场上，想要买到货真价实的好东西，还真得跟猫妈学一学。练就一双火眼金睛，还怕花冤枉钱、买假冒货吗？

怎样辨别真皮、假皮？

市场上有各种皮制（如牛皮、羊皮、猪皮等，都是真皮）的鞋、帽、衣物，假皮一般都是人造革，仿真的假皮如果不仔细看，跟真皮没什么两样，因此常被拿来以假乱真。

怎样才能甄别真皮、假皮呢？

● 看毛孔

真皮表面有明显的毛孔和花纹，而且毛孔清晰、不规则。

有的人造革也有仿真毛孔的效果，但往往毛孔不清晰，或者分布、排列很规则。

●看反面

真皮的反面一般不会有别的纺织品做底板。

人造革的反面会衬一层纺织品底板来增加拉力强度。

●看拉伸、挤压效果

真皮被按压后会有明显的皱纹，随后会马上复原。

假皮被按压后一般没有明显的皱纹，即使有，也不会很快自然复原。

●看指痕

用指甲在真皮上轻滑，印痕会很快消失。

假皮上则会留下明显的指甲痕。

●摸皮质

真皮滑爽、柔软、丰满、弹性好。

假皮革面发涩、死板、柔软性差。

●嗅气味儿

真皮必须经过特殊的药水浸泡才可使用，所以有一股类似于墨水味儿的特殊气味。

假皮有刺激性较强的塑胶味儿。

●燃烧

剪下一小块皮点燃，真皮燃烧时会释放出皮毛的焦臭味儿，烧后不结疙瘩，用手指可捏成粉末。

假皮燃烧后会释放出刺鼻的气味，会结疙瘩。

怎样甄别皮质种类?

●绵羊皮

皮面均匀，纹路细致，手感较好。山西的绵羊皮皮质好，常用于做高档皮服、皮帽。

●山羊皮

皮面较细，手感较好，结实，纹路有规律，皮张尺寸小，常用于做高档皮服、皮帽。

●牛皮

皮面较粗，手感硬、挺，常用于做皮裙、风衣、皮带、皮鞋。

●猪皮

皮面较硬，手感较差，毛孔粗大，呈“品”字形排列。

●进口皮

国内进口皮主要来自意大利、韩国，表面光亮度不及国产皮，但底光好，越穿越亮，手感柔软丰满，质轻保暖，常用于做高档皮装。

怎样辨别毛皮真假?

毛皮制品既有真假，也有优劣，以轻柔、光滑、色泽亮丽、有弹性的为上品。鉴别毛皮真假，也需要用到手摸、眼看、鼻闻三种方法。

●手摸

天然毛皮柔软、自然。

手触人造毛皮时有涩感，抚摸后恢复原状也比较慢。

●眼看

天然毛皮的毛针有“尖”，长短、粗细不一。

人造毛的毛针一般不会有“尖”，长短、粗细比较一致。

●鼻闻

天然毛皮有独有的“皮味”，拨开皮，可看见下面的皮板。

人造毛皮没有皮味，绒毛下面是织物。

怎样辨别丝绸真假?

真丝轻盈舒适、高雅华贵，是服装面料中的上品。但随着制造技术的提高，人造纤维、合成纤维与蚕丝混纺而成的假丝绸，外观上与真丝十分相近，常被消费者不小心误买。

该怎样区分真假丝绸呢?

●看外观

真丝柔和、明亮，色泽鲜艳、均匀。

人造丝绸易起皱，光泽刺眼。

●摸手感

真丝十分柔软、细腻，很滑，有凉爽感。

人造丝绸比较粗硬，没有凉爽感。

●摩擦测试

干燥的真丝摩擦时会发出清脆的声响，称为“绢鸣”。

人造丝绸没这种特性。

●看单丝

真丝绸单丝又细又长，容易被拉断，拉断有毛头。

人造丝绸单丝较粗，不容易被拉断，拉断后毛头整齐。

●燃烧测试

真丝点燃后缩成团，燃烧缓慢，会发出类似于毛发烧焦的气味，燃烧物用手一捏就碎。

人造丝绸燃烧快，没有毛发燃烧的气味，燃烧物不容易被捏碎。

●看标识

真丝产品基本为国产。

标识“进口真丝”的很可能是冒牌产品。

怎样鉴别纯棉和化纤制品?

棉是纯天然纤维，柔软舒适，吸湿透气性好，不刺激皮肤，不起静电，是制作内衣、婴儿衣物、卫浴用品和床上用品的上佳之选。但由于优质纯棉成本较高，市场上出现了大量打着“100%纯棉”旗号出售的化纤纺织物。那么，要如何才能识别纯棉，让“假棉”无所遁形呢?

●用手握

把棉布攥在手掌心里，能握紧的、皱得厉害的是纯棉。

松散、握不紧的、不怎么起皱的是“假棉”。

●用掌摸

纯棉柔软，有涩感，手感好。

“假棉”有滑溜感。

● 用手扯

纯棉弹力小，拉扯幅度小，变形后不易恢复。

化纤织物拉伸幅度大，松手后较易弹回原形。

● 用手搓

纯棉被揉搓后会出现一些粗细不同的纤维状小毛。

化纤织物揉搓后不起毛，或纤维较均匀。

● 用指甲刮

将布料对折，用指甲沿边缘刮一下，展开后刮痕越明显，证明含棉量越高。

纯化纤织物几乎不会留下刮痕。

● 用眼看

纯棉光泽柔和，很少“反光”。

化纤织物对着光源会发出刺眼的反光。

● 燃烧测验

抽出一丝线，纯棉燃烧时发出黄色火焰，燃烧物为灰白色，易搓碎。

化纤织物燃烧时会熔缩、冒黑烟及发出燃胶味儿，燃烧物会结成黑色硬疙瘩。

● 看挤水效果

纯棉浸水后容易拧干，拧干后皱巴巴的。

化纤织物沾水后不易拧干，拧干后不易起皱。

Part 2
食话食说

米饭怎么做才好吃？

米饭是主食之一，尤其南方人吃面少，吃米多，一日三餐总离不开大米。

做米饭看似简单，实则有很多讲究。有些人，给他再好的米，做出饭来口感也会大打折扣，如太软、太硬、烧煳、烤焦、夹生……不过，猫妈却是不管用什么米，总能做出香喷喷的米饭来。她是怎么做到的呢？

教你几招做出香气四溢的米饭

●米里加醋

焖米饭时，往水里加一小勺食醋，可以使米饭更洁白、松软，并且没有酸味儿。这样做成的米饭还有一个好处，就是更易于存放，不易变馊。

●米里加油

焖米饭时，往水里加一小勺油，焖出的米饭香软滑糯，色泽光亮，粒粒分明，可以大大提升视觉效果和口感，同时还不用担心会粘锅、烧煳，非常适宜不爱吃锅巴的人。

●米里加茶

这里说的茶指茶水。做米饭时，在锅里倒入新鲜茶水（要用绿茶哦，而且最好是淡茶水），焖熟的米饭会飘散出一股淡淡的茶香，口感清爽，还有助于消化。

●饭里加盐

这种办法适用于剩米饭再加工。把剩米饭放在蒸锅里重蒸，会产生一股异味，但在蒸米饭时往碗里加少许盐水，就可以消除异味。

●米饭焖好后用筷子搅松

米饭蒸熟后不要焖太久。开锅后，最好先用筷子在锅里搅一搅，把整锅米饭都搅匀了，再盛到饭碗里，米饭蓬松松的，口感会更好。

米饭夹生怎么办?

蒸米饭时水放得太少，或蒸的时间不够，米饭会出现夹生的现象。不同程度的夹生饭可以通过不同的办法来处理。

●整锅夹生

用勺子拨开看，如果整锅米饭都夹生，可以用筷子在锅里扎一些直通锅底的小孔，加适量温水重焖。大约10 分钟，米饭就熟了。

●局部夹生

如果是局部夹生，在夹生处用筷子扎一些直通锅底的小孔，然后加温水再焖。

●表面夹生

如果下面的大米已熟，只是表面的有些夹生，可将夹生的米饭翻到中间，加少许水再焖。

●米酒消除夹生

米饭夹生时，还可在夹生饭中拌两三小勺米酒，重新焖。

米饭煳了怎么办？

蒸饭、炒饭时，如果放水太少，火力太旺，加热时间过长，米饭容易煳在锅底，并产生焦味、煳味。有了煳味、焦味，米饭就不香了，怎么办呢？

●大葱除煳味

米饭做煳时，可以取一根大葱，把它洗净，切成手指那么长的几截，插进饭锅里，盖上锅盖，5 分钟后煳味消失。

●面包皮除煳味

如果家里有面包皮，可以把面包皮盖在有煳味的米饭上，盖上锅盖，5 分钟后煳味可减轻。

怎样用陈米做出香米饭?

用陈米做饭口味不佳，色泽也不好看。不过，要是在焖米饭时，在水中掺入一小杯啤酒，大约为 1/5 水量即可，就可以使陈米做出的米饭香软有光泽，口感跟新米做的米饭一样香甜。

怎样做出大锅炒饭?

炒饭好吃，可做起来麻烦，得先准备米饭，再炒好菜，再将菜和饭炒在一起。而且如果家里人多，炒锅未必能一次炒那么多。怎么办？高手来告诉你一个简单易行又可快速出锅的巧办法。

●第一步：把菜切成粒状，放进油锅里翻炒，油量是平时的 2~3 倍，翻炒至四五成熟就行。

●第二步：将米和水置入锅内，水要比平时蒸米饭时多放一些。

●第三步：在加好水的米上倒入炒好的豆角、土豆、肉丁等菜及汤汁，不要搅拌，开始蒸饭。

●第四步：米饭蒸熟后，将上层的菜与下层的米饭搅拌均匀，就可以出锅了。

一锅香软蓬松的炒饭就这样做好了，省去了长时间翻炒的过程，简单、方便又美味。

不过，此方法适用于土豆、豆角、胡萝卜、肉丁等不易熟烂的菜，不适合焖煮易烂、变色的绿叶子菜哦！

熬粥有诀窍

喝粥很养生，可熬粥的过程却很麻烦，如粥汤外溢啦，豆豆熬不烂啦，水米分离啦，等等。要想熬粥时省事儿又省心，可以尝试如下小招数：

● 熬粥时，往锅里加 5 滴左右的植物油或动物油，可以避免粥汤外溢。

●熬粥时，一次性加足水，水多米少，中间不要再添水，可以避免水米分离。

●熬豆粥时，豆子先用小火煮 10 分钟，熄火后盖上锅盖焖半小时，再用小火煮一阵，这样煮出的豆粥豆粒完整，汤汁香浓。

●沸水下米，搅拌几下后再盖上锅盖煮粥，可以防止粥粘锅底。

怎样做出令人叫绝的面食？

做面食绝对是一门手艺活儿。比如，猫妈就可以把细软的面粉作为百变食材，做出筋道的面条、暄软的馒头、香喷喷的包子等美食。而手艺差的，面沾一手，做一次砸一次。为什么会这样？这是因为面也是有个性、有脾气的。你只有捏准了面的脾性，并能驾驭它，才能做出好面食。

怎么煮出清汤面？

●在煮面的汤里放一小勺食盐，可以让面汤变得更清澈，不容易煳烂。

●如果煮挂面，下面条时要等到水沸腾，锅里开始冒小泡时就把面条放进锅里煮，汤会更清澈。

怎样煮面不粘锅？

●煮面的时候，在水里加一小勺植物油，面条就不会粘锅了，而且可以防止面汤外溢。

怎样使手擀面更筋道？

●和面用温水。冬天和面用温水，其他季节用30℃的常温水。

●和面的水中加入少量盐或碱，可增加面条的韧劲和弹性。

●面和好之后要醒半小时左右，让面团生成面筋，面会更筋道。

怎样辨别面条生熟？

●看颜色。如果面条由白色转为半透明色，说明熟了。

●用筷子捞。用筷子夹起一根面条，如果面条很顺溜地滑下去，说明熟了。

怎样才能使面不粘连？

●面条煮熟后，捞出放进一大盆凉白开水中，再盛在碗内就不会粘连成块了。

怎样煮出好吃的饺子？

●煮饺子的水一定要多，可防止饺子粘皮、粘底。

●煮沸后，水中加入一小勺食盐，可煮出清汤，增加饺子皮的韧性。

●饺子煮熟后先捞出过温水，再盛到盘里时不易粘连。

怎样辨别饺子生熟?

●看颜色，如果饺子皮由白色转为了半透明色，说明熟了。

●看饺子是否整体浮到了水面上，浮上来说明熟了。

馒头怎么蒸才不夹生?

●用冷水蒸，千万不要用热水蒸，这样馒头就不会夹生了。

馒头怎样蒸才松软?

●用中火烧，逐渐升温，不要一下用大火，否则会蒸出硬邦邦的死面团。

●揉好面后，要醒 15 分钟左右，待面团充分发酵后再蒸。

●面团里加入啤酒，蒸出的馒头会格外松软。

馒头为什么不暄?

●锅盖不严实、蒸锅漏气会使馒头不暄。如果锅盖漏气，可用干净的湿毛巾把漏气孔围住。

馒头发黄怎么办?

●馒头里含碱太多易发黄，可在蒸锅的水中放入2~3小勺醋，再蒸15分钟，馒头会变白，碱味会减轻。

馒头发酸怎么办?

●发酵后的面团会有一股酸味儿，往面粉里加入适量碱，可以使馒头蒸熟后不再发酸。

怎样加速面团发酵?

●冬季天冷，面团发酵慢，如果在面团中加一些白糖，可加速发酵。

怎样辨别馒头生熟?

●用手轻拍馒头，有弹性即熟。

●撕一块馒头皮，如果能揭开皮，说明熟了，否则就是未熟。

●用手指轻按馒头，表皮不沾手，按痕很快恢复即熟。沾手、不能恢复，说明还未熟。

怎样保住美食本色？

“色香味俱全”五字，恐怕是对一味美食的最高褒奖了。在餐厅享受完色香味俱全的美食，常令我们流连忘返。不过，当大多数人频频光顾餐费高昂的美食店时，猫妈则把更多时间用来研究烹饪技术，最终练得了一手“菜不改色”的本领。

怎样锁住绿菜本色？

菠菜、油菜、芹菜等绿色蔬菜营养丰富，色泽鲜亮，跟其他食材搭配，绿意葱茏，起增色、增亮的效果。可如不懂烹饪，造成叶绿素大量流失，使绿菜变黄、变黑，就算口味不变，也会大大影响食欲。那么，怎样才能锁住绿色蔬菜“绿”的本色呢?

●绿色蔬菜遇酸容易变黄，因此在炒菠菜、芹菜时，不要加酸味的食物做配料。

●用水焯绿色蔬菜，或炒绿色蔬菜时，不要放醋。

●盖着锅盖蒸煮使有机酸难以挥发，会使绿色蔬菜变黄，因此做绿色蔬菜时，最好不用盖锅盖。

●急火快炒、快速焯烫，可以保住绿色蔬菜的本色。

●烹饪时，往锅里放少许小苏打或碱面，可使绿色蔬菜最大限度地保住绿色。

●如果是豆角、菠菜、西蓝花等需要用水焯的绿菜，焯完捞出后置入盐水中可保住翠绿。

●菠菜、豆角等在水中焯的时间一长，如果微微有些泛黄，可以把它们在盐水中泡一下，会有返绿的效果。

怎样使白色食物不变成褐色?

切好的藕片、土豆或山药等，暴露在空气中很容易变成褐色，十分影响视觉效果。怎么办呢?

●烹饪前，将切好的藕片、土豆、山药泡在淡盐水里，可以减缓氧化速度，不易变色。

●在浸泡藕片、土豆、山药等易变色食物的水中加少许柠檬汁，可起到增白效果。

猫妈小贴士

猫妈：“不管是炖鱼还是炖肉，里面添加一些白色或浅色辅料，如猴头菇、口蘑、白萝卜等，一来可以增鲜，二来可以使汤汁增色，乳香四溢。”

怎样炒茄子不变黑?

茄子在翻炒过程中很容易变黑，这是因为一种叫作“酶”的物质在捣蛋。要让茄子不变黑，最好的办法就是把“酶”干掉，或赶得远远的。

●酶发生作用时需要氧气当“帮凶”，炒茄子时多放油，让油裹住茄子表面不与氧接触，就不会变黑了。

●酶怕高温，炒茄子时最好高温爆炒，火候到位才不会变黑。

●酶怕酸，茄子跟西红柿一起炒，不容易变黑。

●盐要晚放，醋要少放。放盐太早，放醋太多，茄子表皮会发灰、发紫。

怎样做出乳白色靓汤?

●做肉汤

① 先把肉放入开水中稍煮一下，除去血水、油污。

② 然后洁锅，入冷水，汤里滴一点儿油，将肉入锅。

③ 先大火煮沸，再小火慢炖，再改大火，中途不要加水。

●做鱼

① 先把鱼放进油锅里用小火煎一下。

② 然后在砂锅里一次性加足水。

③ 将鱼放入砂锅慢炖，等水和油充分融合，乳白色的靓汤就熬好了。

怎样让食物保脆、保酥？

有些食物就是越脆越香，越酥越有味儿。可是要做出这样的味道，却不是人人都能的。W小区的一些邻居称赞猫妈炒的土豆丝、黄瓜真脆，炸的花生米酥香脆口，就来讨教经验。猫妈也很高兴，毫不保留地把自己所知的一一分享给大家。

土豆丝怎么才能又脆又透明？

夏季，一盘清脆爽口的土豆丝很能增进食欲。可怎样才能不把土豆丝做成面面的、软软的，而是做出脆脆的味道，一丝丝半透明的感觉呢？

●刀工要过关

要做土豆丝，最好挑选大土豆，然后竖切成丝。丝要细长，更能增脆。

●凉水浸泡增脆

将切好的土豆丝在凉水中浸泡几分钟，洗尽淀粉，会增加脆度。

●沸水快焯

将洗去淀粉的土豆丝放入滚水中快速焯一下，半分钟后捞出冲凉，土豆丝就会又脆又透明。

●冰箱冷藏

如果是夏季，将凉拌土豆丝放进冰箱冷藏一会儿，取出后会更加清脆爽口。

●加醋增脆

如果炒土豆丝，可在土豆丝下锅时滴点儿醋，然后快炒出锅，可增加脆度。

莴笋、黄瓜怎么炒才能脆?

●莴笋、黄瓜生吃味道极佳。将其切好，成片、成丝都可以，然后拌入盐、鸡精、醋等调料，抓一抓，腌5分钟，一道清脆爽口的美味佳肴就做好了。

●如果要做热菜，将莴笋和黄瓜入锅翻炒三五下就该出锅，千万不要炒太久，否则容易发软。

花生米怎么炸才能脆?

油炸花生米是一道很经典的下酒菜。看似简单，要炸出松松脆脆的口感，且不炸焦，还需要知道一些小窍门。

●凉油下锅

炸花生米，一定要凉油下锅。小火，锅里注入少量油，几乎同时倒入花生米。油热时再下花生米易煳。

●小火

油炸花生米的整个过程，火都一定要小，否则白胖胖的花生米几秒之内立即会变焦黑。

●快速翻炒

翻炒花生米时动作要快，手不能停，否则贴在锅底的一面马上会变焦，翻炒时间两三分钟即可，依花生米多少而定。

●听声

要知道花生米是否炸好，可听声，当锅里发出“毕毕剥剥”的响声时，再翻炒半分钟就可出锅了。

●观色

要知道花生米是否炸好，还可观色。当花生仁从白色转为微黄时，说明该出锅了。

●七分熟出锅

花生米炸到七分熟（白色的花生仁转为微黄色）时就该关火出锅，因为花生米上沾油，热油还会给花生米加温一会儿。等完全熟了再出锅，花生米就太老了，会失去香味。

●快速出锅

切记，由于铁锅很烫，关火后一定要快速将花生米倒出。否则，锅里的花生米相当于还在继续受热，贴在锅底的一面会变为焦黑。

●冷却后再拌调料

刚炸熟的花生米还不是脆的，花生米刚出锅时加入精盐和白糖，盐会融化，糖会结块。花生米出锅后，应该先将它盛在干燥的碟子里冷却。在冷却过程中，花生米会由微黄转为金黄，而且也会变得很脆。这时，再拌入精盐、白砂糖，一道香脆美味的下酒菜就做好了。

馒头片怎么炸才能又酥又脆？

●炸馒头片时，先将馒头片在冷水里浸一下，然后再入锅炸，这样炸出的馒头片焦黄酥脆，既好吃又省油。

怎样让美食快速出锅？

美食人人爱，只是做起来太麻烦，耗时又耗力。可每次猫娃肚子饿，猫妈三五下就能把饭做好。难道是她家经常备有熟食，一加工就可以了？不是的。有次好几个邻居同去猫妈家做客，大家亲见她一忽儿就用寻常食材做出一大桌菜来。

不过，令他们没想到的是，猫妈的"快"，竟然源自"偷懒"。怎么偷懒法呢？

快速炒出干煸豆角

豆角半生不熟吃了易中毒，一定要完全熟透才能吃，可它偏偏不爱熟，在家做一次干煸豆角特别费时。别傻乎乎一个劲儿守在锅边炒了！换个方法，时间少一半。

●炒前先把豆角放入沸水中煮一下，煮比炒熟得快。煮熟沥干再炒，十分省时。

●小苏打是"催化剂"，煮豆角时水中放一些小苏打，豆角熟得快，还能保绿。

●炒豆角时，里面加点醋，也可起到提色、加速的作用。

快速熬粥法

● “懒人”白米粥

最快捷的白米粥做法——将一把大米装进热水壶，然后把烧开的水灌进水壶中。盖上壶盖，轻轻摇一摇，再放置几分钟。无须开火，无须人守，一壶白米粥就速成了。

不过“快快一个怪”，“懒人白米粥”很省事，却得在口感上付出代价。

●绿豆粥

① 绿豆粥是有名的难煮熟。别责怪绿豆不易“开花”，而是你自己不懂方法。煮绿豆粥时，要先放绿豆后放米。在绿豆沸煮过程中一次次加凉水，绿豆受凉水一击，很快就“开花”了。

② 绿豆汤。把绿豆放在铁锅里干炒，几分钟就“毕毕剥剥”炒熟了。然后再入水中熬汤，或加米加水熬粥，比用水直接煮还熟得快。

快速炖肉

●茶包提速

牛肉不易炖烂，不过，炖肉时如果在水中加一个泡开的茶包，可使牛肉很快炖烂，而且这样炖出的牛肉风味独特，茶香飘散。

●加醋软化

牛肉、牛筋、羊肉、野禽等肉类不易煮熟、煮烂，烹饪时往锅里滴几滴醋，可使其加速软化。

●白水炖煮

炖猪肚、鸡肉时，要先炖肉，等肉熟了再放盐，否则肉会又硬又韧，咬不动。

快速煮海带

●把海带提前放在水里充分泡开，炖、炒时就十分易熟。

●煮海带时，加几滴醋，或加入一棵菠菜同煮，可尽快熟烂。

快速炖火腿

●炖火腿之前，将火腿皮上抹些白糖，容易煮烂，而且味道也会更鲜美。

怎样让菜肴更出味儿？

菜要出味，全靠调料。要想成为像猫妈一样的烹饪高手，做出美味可口的家常菜，一些炒菜、拌馅儿的小技巧不能不知道。

虾仁怎么才能鲜嫩可口？

●将虾仁放入碗内，加一点儿精盐、食用碱粉，用手抓搓一会儿后用清水浸泡，然后再用清水洗净，这样能使炒出的虾仁透明如水晶，鲜嫩可口。

●将虾仁用浸泡桂皮的沸水冲烫一下，然后再炒，这样炒出的虾仁味道更鲜美。

水饺馅儿怎么和更有味？

●吃水饺一般要伴凉菜，和水饺馅儿时，可将焯蔬菜的汤汁和在肉馅里，这样做成的水饺馅儿不会干，里面会有鲜汤。

●和水饺馅儿时，拌入一些花椒油，也可以提味，使馅料更美味。

鸡蛋怎么炒蓬松、鲜嫩？

●鸡蛋打入碗中后，加少许温水拌匀，会更蓬松。

●炒鸡蛋、蒸鸡蛋时，滴几滴黄酒，鸡蛋会更鲜嫩、可口。

●煮鸡蛋时，先将鸡蛋放入冷水中浸泡一会儿，再入热水煮，蛋壳不易破，而且易剥。

蔬菜怎么烹调更有味儿？

●烹调青菜时，调一些淀粉汁入锅，可使菜汤黏稠更有味儿，还可锁住菜里的维生素。

●炒豆芽加醋可以提味儿。

●烹饪豆腐时，先将豆腐在水中浸泡几分钟，可除卤水味儿，使豆腐更鲜美。

●炒木耳时加几片黄瓜可提鲜。

●炒洋葱时，把切好的洋葱蘸点儿干面粉再下锅，炒时放点儿白葡萄酒，炒出来的洋葱金黄脆嫩。

●炒竹笋时，先将竹笋连皮放入淘米水中，再放一个去籽的红辣椒，用温火煮一下，冷却后再用水一冲，可去除涩味。

●炒茄子时去皮，不但省油、易熟，而且十分鲜嫩。

荤菜怎么烹调更有味儿？

●黄酒或红酒，是烹饪各类鱼肉的必备调料，可去腥、提味。

●烹饪鱼虾时宜放小葱、大蒜、生姜、辣椒，不宜放大葱、八角、孜然等调料，否则会失去鲜味。

●牛、羊肉膻味较重，宜用八角、孜然除膻。

●炖猪肉宜用陈皮、大蒜、老姜。

●熏烤鱼、肉时，可用花椒粉、孜然。

●生炒肉片时，先抹“十三香”，然后再在搅拌了少量淀粉的黄酒中浸泡一会儿，肉嫩味鲜。

●熏鸡用丁香，很有味儿。

●做荤菜往往离不开放酒，快起锅时如果再加点醋，可提味儿。

●拍碎的大蒜、生姜，往往比切碎的更能出味儿。

●煮肉汤或排骨汤时，放入几块新鲜橘皮，不仅味道鲜美，还可减少油腻感。

●在做好的肉菜上放几段翠绿的香菜，不但色泽更诱人，清爽的香气四溢，还可提味。

用微波炉做菜怎么才能更有味儿？

●微波炉加热为干热，所以用微波炉做菜时，可以先把菜泡在调料中浸透了再烹饪，这样就会入味。

怎样修正错的味道？

●菜太咸，加少量醋或白糖，可减轻咸味儿。

●酱油放多了菜变黑，可往菜里加少许牛奶加以纠正。

●汤太咸，加水会稀释味道，这时可以往汤里加两片土豆或西红柿，可去咸，还可使汤味更鲜美。

●菜太辣，加醋可以减轻辣味。

●菜太酸，加一段辣椒或加入少量白糖，可除酸。

●苦瓜太苦，可以再苦瓜上撒点盐，腌渍一会儿，再过一下水，可去除苦味儿。

怎样用刀切出美味来？

同样的食材，怎么切才能更出味儿、更有型，更匀、更细、更漂亮，更快、更安全、更省事儿呢？除了练就刀工，当然还需掌握一些切的技巧。

松花蛋怎么切不粘刀？

●用刀在松花蛋上破一道口之后，再用一根韧性好的细线割开。

●将刀在热水中烫一下再切，可切得整齐又漂亮。

面包怎么切不受挤压？

●刀加热后切，可使面包不被压得粘在一起，也不会松软掉屑。

如何切蛋糕？

●切蛋糕要用锯齿钝刀。

●将刀在温水中蘸一下，或在刀口抹一点儿黄油，可使蛋糕不粘刀。

如何切猪肉、牛肉？

●切肉片

把肉洗净后，放入冰箱冷冻层冷冻半小时，待外形冻硬后再切会更容易。

●剁肉馅儿

把肉放在冰箱里冻硬，取出后，用擦菜板擦肉，可以把肉擦成细条，然后再用刀剁几下，一盘肉馅儿很快就剁好了。

●切肥肉

如果来不及冷冻，把新鲜肥肉蘸一下水，在案板上也洒一点凉儿水，肥肉不易滑动，切时也不易粘案板。

怎么切各种肉更美味？

●羊肉多膜，切丝前先去膜，肉会容易切很多。

●鸡肉要顺切。因为鸡肉细嫩，含筋少，只有顺着纤维切，炒时才能使肉不碎。

●猪肉要斜切。因为猪肉细嫩，筋膜少，横切易散碎，斜切可使其不碎，吃起来也不塞牙。

●牛肉要横切。因为牛肉筋腱较多，纤维较粗，顺切后的肉丝很难嚼动。

●鱼肉要快刀切。因为鱼肉质细、纤维短，极易破碎，切时应将鱼皮朝下，刀口斜入，最好顺着鱼刺，切起来干净利落，这样做熟后，鱼的形状完整，鱼肉不易剥落。

各种蔬菜怎么切更科学？

●大白菜要竖切，竖切可以减少水分流失，锁住养分，易熟，而且更有利于刺激肠胃蠕动。

●花菜、西蓝花要顺着分叉切，切成小小的一朵一朵，大的对剖开，这样切整齐、美观不易碎。

●土豆丝要先切片，把切成的薄片叠在一起，斜铺在案板上用手指压一压，然后再从右往左切丝，不仅切得快，而且这样切出的土豆丝又细又长。

●丝瓜滑嫩，最好切滚刀。

●南瓜、冬瓜、西葫芦等，可切下一圈，去皮后沿着圈的横截面竖切，省时又省力。

洋葱怎么切不刺激眼睛？

●把洗净的洋葱放进冰箱里冷冻，5 分钟后，将凉透的洋葱取出再切，注意不要冻透。

●把洋葱对半切开，然后在水中放一会儿，这时辣眼睛的物质会溶入水中，再切时就不会刺激眼睛。

●把洋葱放微波炉里稍微加热一下，再切时也不会刺激眼睛。

眼睛被洋葱辣到怎么办？

●用清水冲洗。

●用蘸了凉水的毛巾捂在眼睛上。

山药怎么切不变黑？

●用金属刀切山药，会加剧白色的肉质氧化变黑，可改为塑料刀，能使山药“美白”。

辣椒怎么切不辣手？

●沿着辣椒横截面切圈儿。

●剖开辣椒后，把辣椒扣着切。

●戴一副透明薄手套（戴太大、太厚、不透明的手套不方便切，易切到手指）。

手被辣椒辣到了怎么办?

切完辣椒后，手指头常会有一种火辣辣的痛觉，这是因为辣椒里含有的辣椒素跑到了皮肤上，刺激到了神经。这种痛觉可维持一两天。手被辣椒辣到时，可采取如下办法除辣：

●用酒精棉轻轻地单方向擦手，然后再用清水洗，反复几次后，可缓解痛辣的感觉。

●辣椒素可溶于食醋和白醋，切完辣椒的手在醋水中洗一洗，火辣辣的感觉可得到缓解。

●辣椒素在高温下会挥发，因此被辣到后，用热水洗手比用凉水洗手更能消除火辣辣的感觉。

●茶叶有去辣的作用，被辣到的手在凉茶水中浸泡几分钟，可缓解灼热的痛觉。

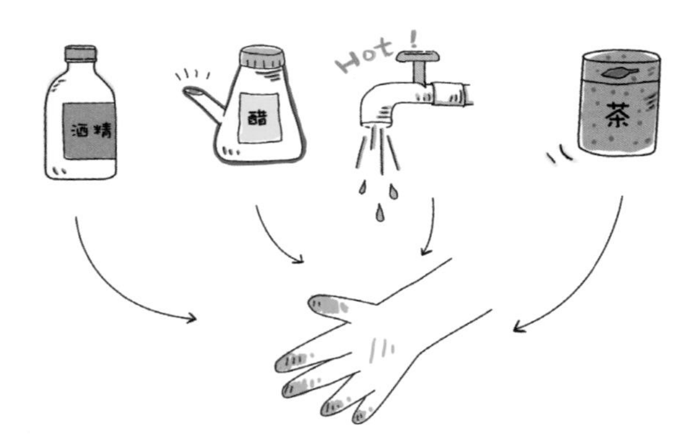

切菜的手势有什么讲究?

●右手拿刀，左手按菜，刀从右往左切，左手同步往左移。

●左手的五个手指稍弯曲，指尖朝内，可防止手指被切。

●切菜时不要把刀提太高，能切得更快，而且不易切到手指。

怎样炒菜不粘锅？

蒸饺粘在蒸屉上下不来，荷包蛋粘在锅上一翻就破，红烧鱼的鱼皮粘在锅上既易煳又影响美观……粘锅，使得做出的美食全无形象可言，也大大影响了口感和烹饪者的心情。炒菜时要怎么做才能使食物不粘锅呢？

猫妈一开始也为此苦恼过好一阵，但后来经过慢慢摸索，她终于找到了一些门道。

蒸饺子、包子不粘锅

●在蒸屉上放一块湿蒸布，蒸布湿度要合适（太湿会影响饺子口感，太干容易粘）。

●要是用不锈钢蒸屉，可以拿一块猪皮，在蒸屉上抹一遍，保证蒸出来的美食不粘锅，又香气馥郁。

●没有猪皮，用肥肉、色拉油等油涂抹也可以。

不粘锅小窍门

炒土豆不粘锅

●土豆因为含有大量的淀粉容易粘锅，炒土豆时把切好的土豆片（丝）先在凉水中泡5分钟，把淀粉洗净，炒出的土豆透明清脆，还不粘锅。

煎鸡蛋不粘锅

●小火。

●热锅凉油。

●鸡蛋成形后火略调大一点。

●荷包蛋周围一圈及贴锅的一面凝结成形后，用铲子铲起翻面，就不会粘锅。

煎鱼不粘锅

●小火煎鱼。

●放油前，先在锅里用生姜或老姜抹一抹，可不粘锅。

●在鱼皮上抹薄薄一层面，可不粘锅。

●在鱼皮上抹少量油，可不粘锅。

●在油中放少许白糖，等白糖转为黄色时下鱼，可不粘锅。

烤肉怎么防焦？

●用烤箱烤肉时很容易烤焦，不过只要在烤箱里放一只盛有水的器皿，就可以轻松解决这一问题了。

猫妈小贴士

猫妈：“锅底千万要洗干净！要是锅底粘着异物，再炒其他菜时很容易粘锅。”

猫爸：“热锅凉油。先把锅放火上烧热了，再放油，油五分熟时下菜。”

怎样洗菜又快又干净？

很多人觉得“洗”是厨房诸事中最简单的事，殊不知既要洗干净，又不能让营养流失，洗的过程也是格外讲究的。猫妈就总结出了不少“因菜而异”的特殊洗法。

那么，怎样洗才是对的呢？

巧刮鱼鳞

洗鱼，最麻烦的莫过于刮鱼鳞。一层层鱼鳞密密麻麻，牢牢地长在鱼皮上，很不容易除，一不小心还溅得身上、地上到处都是。怎么办呢？

●先拍打后刮鳞

刮鱼鳞之前，把鱼装进一只较大的塑料袋里，拿刀背反复拍打鱼体两面，经过拍打鱼鳞会松落，刮时不会四处乱溅。

●用勺子刮鱼鳞

巧刮鱼鳞，选择怎样的工具也很重要。用刀刮鱼鳞太笨重，且易伤到手，其实只需用一把勺子，在拍打过的鱼身上轻轻一刮，鱼鳞就可脱落。

●用啤酒瓶盖刮鱼鳞

啤酒瓶盖带齿，十分小巧，用它来刮小鱼的鱼鳞，十分好用。

巧洗带鱼

●带鱼鱼身滑腻，而且腥味很大，洗带鱼后手上的腥味儿久久难以除去。因此，洗带鱼时，最好先把带鱼放在碱水里泡一下，再用清水洗，这样可以去腻去腥。

怎样使鱼不腥、不苦、蝇不叮?

●盐水去腥土味

在池塘里喂养的淡水鱼有土腥味儿，可以用凉盐水把鱼从里到外洗一遍，可去除土腥味儿。

●盐或小苏打去鱼皮上污物

鱼的表皮有黏液，黏液上易粘污物，用清水不易去除，这时抓一把盐或小苏打抹在上面，可以有效去除黏液上的污物。

●白酒除苦胆汁

洗鱼时不小心弄破苦胆，胆汁溶于水，做熟的鱼就会有一股苦味。万一弄破了苦胆，可用白酒或小苏打涂抹在有胆汁的地方，反复清洗即可，苦味儿可除。

●大葱防苍蝇叮

夏季，把清洗好的鱼放在一边待入锅，苍蝇飞来叮在上面很恼人。不过，在鱼身上放几段大葱，可以把苍蝇赶得远远的。

巧洗猪肉

●用冷水

猪肉油腻腻的，很多人愿意用热水泡洗，这样会导致营养流失。切记，洗肉一定要用冷水。

●粉团除腻

对于猪肉上不好去除的油腻腻的污物，可用一小团面粉在上面搓，有很好的效果。

●淘米水除腻

洗猪肉时，先用淘米水洗一遍，再用清水冲洗，去污效果也比较好。

巧洗猪腰去味儿

●猪腰营养丰富，但有一股臊味很难去除，这臊味是猪腰内一条白色的筋发出的。因此，洗猪腰时，要先将薄膜剥去，剖开，把白筋去除，这是猪腰去膻第一步。

●去白筋后，把猪腰切花，清水冲洗、沥干，然后用白酒搓揉一会儿，再用清水冲洗。

●在烹饪前最好将洗净的猪腰先入开水中焯一下，水中放入姜片。这样，就可以去除异味儿。

巧洗猪肠、猪肚去味儿

猪肠不洗净会臭臭的，严重影响食欲。至于为什么，想必不需要费舌解释吧？可怎样才能把臭烘烘的猪肠变成香喷喷的猪肠呢？

●用淘米水洗，可有效去除异味儿。

●在水中滴一些食醋，再加一勺明矾搓洗，可有效去除异味儿。

●用酸菜水洗，洗两遍，就可去除猪肠、猪肚的异味儿。

怎样洗猪肝才能去毒？

猪肝营养丰富，可它曾是猪体内解毒的道场，很多毒素都汇集于此。猪肝解了猪体内的毒，自己却被充满毒液的血水浸泡着。如果不洗净，吃了将会有害健康。

●新鲜猪肝买回家，要放在滴了白醋的净水中浸泡1~2个小时。注意，一定要将猪肝全部淹没在水中，才能将毒素充分溶进水里。

●泡完之后，最好将猪肝切开，再在清水中冲洗，直到残血被彻底清除。

●如果急着烹饪，可把猪肝切成4~6块不等，然后在清水中抓洗，直到血水洗净。

怎样去除牡蛎肚里的泥沙？

牡蛎肉鲜美，可其肚里的泥沙却常常令人吃得满嘴黑泥，十分狼狈。要去除牡蛎肚中的泥沙，可将买回的活牡蛎在盐水中浸泡半天，泥沙就会被吐出不少。

怎样去除蔬菜上的残药、小虫？

在城市里，蔬菜大多都是在大棚里长大的，离不开化肥、农药等。因此，蔬菜的根、叶处难免会积下不少残留农药。若不洗净，长期食用将有害健康。

●温水稀释残余农药。

一般农药在温水中能加速稀释。因此，绿叶蔬菜在洗涤前最宜用30℃ ~40℃的温水浸泡15分钟左右，然后再用清水冲洗干净，这样可有效去除残余农药。而洗菜的水温度太高，则会导致营养流失。

●盐水去虫

叶子菜、西蓝花等爱招小虫。清洗这类蔬菜时，可先用淡盐水浸泡，小虫受刺激会很快从菜上掉落，滚进水里。这时，把脏水倒掉，再用清水冲洗即可。

●沸水焯掉残留农药

芹菜、西蓝花、豆角等菜用清水洗净后，宜入沸水焯一下，可破坏残留农药成分，吃起来更放心。

●韭菜切根

韭菜上的残留农药主要集中于根部，因此最好把根部白色部分切除，然后再将韭菜浸泡清洗，可减少农药残留。

●青椒去蒂

青椒的蒂部最容易残留农药，这跟青椒的独特生长结构有关。因此，清洗青椒的时候要先去蒂，重点清洗蒂部附近。

巧剥蒜皮

●如果要剥的大蒜不太多，剥皮前先用温水泡 3~5 分钟，然后用手一搓，或用刀切掉蒜蒂，蒜皮就可脱落。

●如果一次要剥的大蒜较多，可将蒜放在案板上，用刀轻轻拍打，蒜皮就可脱落。

巧去山药皮、芋头皮

山药、芋头滑溜溜的，去皮时总像泥鳅一样爱从手里溜走，而且它们所含的皂角素和植物碱粘在皮肤上，会使皮肤奇痒难忍。要怎么清洗山药和芋头，才能使其不成为一件苦差事呢?

为了既防止手痒，又防止山药、芋头从手里溜走，最好的办法就是把它们连皮洗净，然后放在锅里蒸。待山药蒸到七分熟，或者蒸熟后再取出去皮，这时山药已经不滑，而且导致手痒的植物碱也分解了，不必担心剥皮时手会痒。

洗山药、芋头时手痒怎么办?

●食醋去痒

山药、芋头去皮后，肉质部分分泌的植物碱和皂角素具有刺激性，粘在皮肤上会导致手痒。这时，最好的办法是倒些醋在手上，利用酸碱中和反应减轻痒的感觉。

●蒸汽去痒

做饭时，把奇痒难忍的手放在蒸汽上熏一熏，这样能在一定程度上破坏粘到手上的植物碱和皂角素，有一定除痒效果。

瓜果要怎么清洗才干净?

瓜果表皮光滑，也不爱长虫，很多人习惯用清水一冲洗就吃。实际上，这样吃很不健康。因为看似很干净的瓜果表皮上很可能残存着大量农药和寄生虫虫卵，吃了有损健康。

●苹果、梨等水果，建议先在盐水中浸泡 20 分钟左右，然后用清水冲洗干净再吃。这样可有效去除瓜果表皮的残存农药，杀死寄生虫虫卵和病菌。

●带皮的瓜果，如苹果、黄瓜等，削皮吃最简单，快捷又放心。

●葡萄颗粒小，且不易洗净，用清水冲洗后，表面总会留下一层白膜似的残留物。这时，不妨在手上挤一些牙膏，然后把葡萄粒放在手上轻搓，这样能有效去除葡萄皮上的白膜状物质，把葡萄洗得干净透亮。

●桃子多毛，清洗时可先将桃子在溶有少量碱的水中浸泡几分钟，然后再搅动几下，桃毛便可脱落。

怎样选食材美味又省钱？

食材是美食的源头。要想吃得好，首先得吃得健康。可近几年毒大米、毒粉丝、毒枸杞等不断出现，“毒食”成了一个让人头疼的问题。

“怎样才能买到健康的食物呢？”邻居们就常常这样问猫妈。

要买到无毒食物，还得我们自己学会挑，火眼金睛识别毒物，把它们挡在家门之外！

大米鉴定法

●优质大米

① 硬度高，不会轻易被捻碎。

② 米色清白，半透明。

③ 无杂质，极少爆腰（米粒上的裂纹）、腹白（米粒上乳白色不透明的部分，因为稻谷未成熟），无虫。

④ 米粒均匀、饱满。

⑤　有稻米的自然清香。

⑥　摸起来手感光滑，有凉爽的感觉。

⑦　放几粒在口中咀嚼，口感好，微甜，无异味儿。

●劣质大米

①　硬度差，用手指捻一下易碎。

②　米色泛黄，甚至有黑色、绿色等杂色，透明度差。

③　有杂质，有较多爆腰、腹白，有的还长虫了。

④　米粒碎小，大小不均。

⑤　有异味儿，如霉味儿、酸味儿、腐败味儿等。

⑥　摸起来手感比较涩，严重变质的陈米用手一捏即碎。

⑦　放几粒在口中咀嚼，粘牙，或有酸味儿、苦味儿等异味儿。

●毒大米

毒大米多为将泛黄、发霉的陈米浸泡在化学物质中后再抛光、打磨后加工而成，表面一看跟优质新米一样光滑、颗粒饱满。要鉴别毒大米，最好的办法就是闻、搓、泡、嚼四招并用。

①　闻。抓一把大米，朝大米呵气后，更容易闻到大米的气味，有异味儿的一定是毒大米。

②　搓。抓一把大米在手里搓，无毒大米会在手上留下一些米粉灰。经油、蜡等处理过的毒大米不会留下米粉灰，倒是有可能留下油污，或一搓就碎。

③　泡。抓一把大米泡在温水中，如果是毒大米，几分钟后水面上会浮现油渍、蜡渍。

④　嚼。光鲜的外表难以掩盖劣质的本质，抓几粒在口中一品尝，是优是劣就知道了。

粉丝鉴定法

●优质粉丝

粉丝由绿豆粉、红薯粉、土豆粉等天然植物粉加工而成，是人们喜爱的家常食材。在众多粉丝中，以绿豆粉丝品质最佳。那么，怎么鉴别是不是绿豆粉丝呢?

① 看。绿豆粉丝颜色清白光润，半透明，粗细均匀，无并条，无酥碎，整齐。

② 摸。绿豆粉丝手感柔软，弹性好，用手抓住弯折不会折断。

③ 尝。用绿豆粉丝做成的凉拌菜口感细滑，粉丝完整，不会碎。

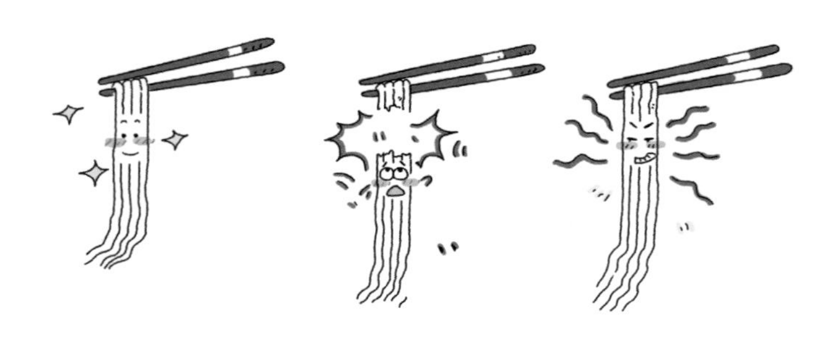

●次等粉丝

次等粉丝指掺了玉米粉、红薯粉、土豆粉等其他粉的粉丝，或直接用其他植物粉做成的粉丝。

① 看。掺了杂粉的假绿豆粉丝及其他杂豆粉丝，色泽白而无光。玉米粉丝、高粱粉丝色泽淡黄。薯类粉丝色泽土黄，暗淡不透明。山芋粉丝色泽为淡青灰，但

都接近自然淀粉的颜色，不会呈亮白色或发乌。

② 摸。卷粉厚，较硬，弹性差，用手拉易断。

③ 尝。搅拌易碎，入口发面。

●毒粉丝

毒粉丝是指那些经过化学物品漂白、加工，或原料中掺入了化学物品的假粉丝，虽然一不小心很容易被它们以假乱真、蒙混过关，但只要留心观察，还是一眼就可辨识出来。

① 烧。买粉丝时，可以随身携带一个打火机，正常的粉丝燃烧缓慢，燃烧物是黑色的碳。毒粉丝由于含有化学杂质，燃烧速度快，可能还会冒烟、发生响声和产生异味儿，燃烧物会凝结成一个硬球。

② 看。真粉丝不管质量优劣，颜色都贴近淀粉原色，不会过于鲜艳或黯淡。毒粉丝为了卖相，色泽上往往过于亮白、鲜艳。

③ 闻。真粉丝是天然植物的淡香味儿。有毒假粉丝会有酸味等异味儿。

④ 煮。真粉丝容易煮熟，不易粘连，在水里煮时会飘散出香味。如果水煮时发出酸味等异味儿，或久煮不烂，很可能就是毒粉丝。

黑木耳鉴定法

●优质木耳

① 形状：耳瓣舒展，质轻。

② 颜色：正面乌黑光润，背面呈灰白色。

③ 手感：干燥，用手捏易碎。

④ 听声：用手抓一把，捧在掌心上下摇一摇，能发出干脆的响声。

⑤ 浸泡：浸泡木耳后的水无杂色、无异味，木耳吸水后涨性很好，可以涨到干木耳 10 倍大小，泡开后肉质韧性好，富有弹性。

⑥ 口感：抓一个放进嘴里，清淡无味。

●次等木耳

① 形状：木耳碎小，大小不均匀，耳瓣卷曲，或像拳头一样连在一起。

② 颜色：正面暗黑，无光泽，背面呈灰褐色，颜色较暗。

③ 手感：有点儿潮湿，手感比较涩，用手捏不易碎。

④ 听声：放在掌心上下抖动时，不会发出干脆的声音。

⑤ 浸泡：浸泡后的水泥沙等杂质较多，吸水性不太好，膨胀的木耳厚薄不均，弹性差。

⑥ 口感：无杂味。

●假木耳

为了攫取非法暴利，一些黑心木耳商会在泡开的木耳中掺入糖、盐、面粉、淀粉、石碱、明矾、泥沙等杂质，以增加木耳重量，甚至还有不法商人用化学药品浸泡木耳，十分有害健康。要辨别掺假木耳、有毒木耳，有如下几个招数：

① 看色泽。假木耳色泽发白，无光泽，或者色泽十分鲜亮，很不自然。

② 看朵形。假木耳由于混杂了很多泥沙、化学药品等，一般都呈团状。

③ 试手感。用手掂一掂、摸一摸，假木耳会比较重，而且会在手上留下掺杂物。

④ 品尝。有甜味、咸味、涩味等杂味，甜的掺了糖水，咸的泡过盐水，涩的泡过明矾。

真假鸡蛋鉴定法

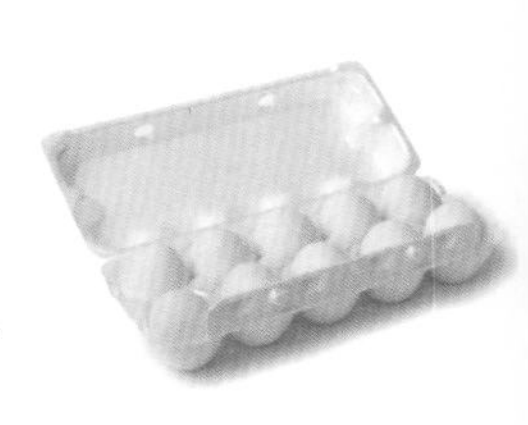

●真鸡蛋

① 看大小。真鸡蛋毕竟不是在流水线上出来的，即便经过精挑细选，鸡蛋的大小也不会完全一样。

② 闻气味。磕一颗鸡蛋，闻一闻，真鸡蛋会有一股淡淡的腥味儿。

③ 看蛋清、蛋黄。将一颗鸡蛋打在碗里，把蛋黄戳破，真鸡蛋蛋清黏稠，蛋黄会流出，但不会和蛋清融在一起。

④ 品尝。煮熟后，真鸡蛋的蛋黄松松的，有香味儿。

●假鸡蛋

① 看大小。假鸡蛋大小几乎一模一样，十分匀称。

② 闻气味。有的假鸡蛋没有味儿，有的有一股化学药品的味儿。

③ 看蛋清、蛋黄。假鸡蛋的蛋清很稀，淌到手上很快会从指缝间滑落。戳破蛋黄后放一段时间，蛋黄会跟蛋清融在一起，因为假鸡蛋的蛋清和蛋黄是同一种化学物质做成的。

④ 品尝。煮熟后，假鸡蛋的蛋清和蛋黄较硬，嚼起来像橡皮，吃起来也没香味儿。

鲜肉鉴别法

●新鲜的肉

① 肉皮：肉的表皮微微干燥。

② 肉色：瘦肉红色均匀，呈浅红色，有光泽，脂肪为白色。

③ 切面：切面稍有湿润，但没有黏性，肉汁透明。

④ 手感：用手按一按，肉质弹性好，按下去的凹陷立即恢复。

⑤ 毛根：拔下几根猪毛看看，毛根白净。

●变质肉

① 肉皮：肉皮过分干燥，有些瘪了的感觉。

② 肉色：瘦肉呈惨白或暗红色，无光泽，脂肪泛黄，甚至变灰。

③ 切面：切面过度潮湿，发黏，肉汁混浊。

④ 手感：用手按一按，肉质松软无弹性。

⑤ 气味：凑近闻一闻，会闻到一股难闻的腐臭味儿。

●病、毒猪肉

① “豆猪肉”

“豆猪肉”又叫“米猪肉”，因猪肉（主要是瘦肉）中含有米粒大小的白色半透明水泡而得名。你可知道这些水泡里住的是什么吗？它们是可怕的绦虫！要是买到这类肉，没经充分煮熟吃进肚子里，小绦虫就会不断在人体内繁衍，寄居在全身各个部位，到时候恐怕想把它们赶走都难啦！所以，买猪肉时一定要瞪大眼睛，看清楚猪肉、猪骨头里是否有白色米粒状异物。

② 注水肉

给猪肉注水已不是什么新鲜事，只是仍然屡禁屡犯。注水肉吃起来口感差，营养价值低，而且还易引起微生物感染，对人体健康不利。不过，只要留意观察，注水肉通常很容易被识别：瘦肉色泽淡，看起来有些肿胀，用手指按压后弹性差、侧面有液体渗出的，多半就是注水肉了。要鉴别注水肉，还有一个妙招，那就是取一张吸水纸，贴在猪肉上，取下后用打火机烧，如果可以轻易点燃，说明没有注水，如果不能燃烧，说明就是注水肉。

③ 病死猪肉

吃了病死的猪肉之后对人体无疑是有害的。要鉴别病死猪肉，除了鉴别“变质肉”的五个办法之外，还可以拔一根或数根猪毛看一看。重点看毛根，如果毛根发红，说明是病死猪肉。

鲜鱼鉴别法

●看

鲜鱼的眼珠乌黑凸出，肉质有光泽。死鱼的眼珠翻白凹陷，肉色暗淡。

●摸

用手指按一下鱼肚或鱼背，鲜鱼的肉质有弹性，无凹痕。死鱼肉质腐败，手指按一下会有明显凹痕，而且鱼肉无弹性。

真假奶粉鉴别法

●用手搓

真奶粉粉质细腻，用手搓会发出“吱吱”声。掺了杂质的假奶粉粉质较粗，发出的是“沙沙”声。

●看颜色

真奶粉为天然乳黄色，假奶粉的颜色偏白。

●尝味道

真奶粉口感细腻发黏，容易粘牙和上颚，有一股浓厚的奶香味。假奶粉有糖的甜味，冲水易溶化，不粘牙，甜味胜过奶香味儿。

健康虾米鉴别法

●颜色：外皮微红，里面的虾肉为黄白色。外皮很白、金黄等虾米很可能加了色素，或者已经腐败变质，要慎买。

●手感：干爽、不粘手的为佳品。手感黏滞，潮湿的不要买。

●气味：好的虾米有一股清香。变质的虾米有腥臭味儿，用氨加工过的虾米还有一股刺鼻的味道。

健康豆芽鉴别法

●自然发出的豆芽：有光泽、白嫩，芽身苗条、挺直、有力，有根须。

●漂白粉泡过的豆芽：惨白，矮胖，没有根。

●添加了除草剂的豆芽：芽小，没有须根。

●化肥浸泡的豆芽：粗壮，呈灰白色，根很短或直接没有根，根和芽易腐烂，而且折断豆芽后里面会有水流出。

哪些食物可能带毒？

●颜色鲜艳的食物可能带毒，一定要慎买

色彩过黄、过绿、过红、过亮的食物，往往是添加了色素或经过化学药品熏制、加工的。

比如，黄花菜、枸杞经过硫黄加工会变得金黄、艳红，泡过色素的茶叶连叶上的白色细绒毛也会被一同染绿，原本暗绿色的海带则被泡成了鲜绿色，看起来格外好看。

但注意哦！美食是用来吃的，在挑选食材上，“秀色可餐”还是免了吧。

●颜色过白、过黑或过亮的食物可能有毒，要慎买

银耳、毛肚、腐竹、面粉等白色食品容易遭受甲醛、过氧化氢、工业增白剂的折磨，从而变得格外白；而黑木耳等容易被加工得乌黑亮丽。

其实，自然界很少有纯白或纯黑的食物，在市场上看到纯白、乌黑的食物，最好多闻一闻、摸一摸，不要为好看的色泽所诱惑。

●泡在水里的食物很可能含有有害添加剂，要当心

去超市购物或吃火锅时，会发现有很多食物都泡在水里，或是刚从水里捞出来的。超市、火锅店那么大，你也许会好奇：这些食物为什么泡在水里不会腐烂、变色呢？

嗯，秘密就在这里。

食物泡在水中不腐烂，是浸泡食物的水中被添加了一种叫福尔马林的化学物质。浸泡过福尔马林的食物不易变色、腐烂，但会变硬、变脆，而且会失去食物本来的味道。

吃这样的食物后会有什么副作用，相信不用说你也明白。

怎样调和食物中的天敌？

食物也有个性。有的食物似乎天生注定“不共戴天”，如果你不懂它们的脾性，非要把它们放在一起吃，它们就会在你肠胃里闹意见，有的相克，有的相互排斥，有的会破坏彼此的营养，厉害的甚至会害你搭上性命。因此，搭配食物的时候，可一定要小心了！

食物搭配禁忌总则

●鞣酸＋蛋白质＝不消化，导致呕吐、腹胀、腹痛、腹泻

含鞣酸食物：葡萄、山楂、石榴、柿子等。

含蛋白质食物：鱼、肉、蛋、海鲜类。

●（糖＋蛋白质）高温烹饪＝破坏氨基酸

含糖食物：水果、蔗糖、蜂蜜等。

含蛋白质食物：牛奶、鸡蛋、鱼、肉、海鲜等。

●纤维素、草酸 + 铁 = 影响人体对铁元素的吸收

含纤维素、草酸食物：芹菜、萝卜、甘薯，蕹菜、苋菜、菠菜等。

含铁元素食物：动物肝脏、蛋黄等。

●胡萝卜素 + 醋酸 = 破坏胡萝卜素

含胡萝卜素食物：胡萝卜、雪里蕻、菠菜、油菜等。

含醋酸食物：食醋、白醋等。

●草酸 + 钙（镁）= 诱发结石症

含草酸食物：苋菜、菠菜、茭白、芹菜、竹笋、香菜、紫甘蓝等。

含钙、镁的食物：豆腐等。

这样久吃会生病

●萝卜 + 橘子 = 甲状腺肿。

●甘薯 + 柿子 = 胃胀、腹痛、呕吐，甚至胃出血。危险！

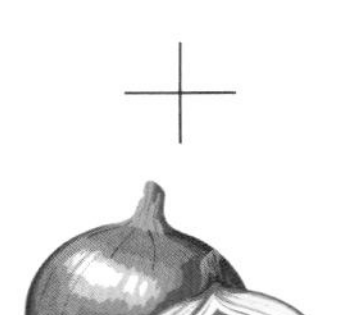

●韭菜 + 菠菜 = 拉肚子。

韭菜 + 蜂蜜 = 心绞痛。

●豆腐 + 茭白 = 结石。

●羊肉 + 南瓜 = 黄疸和脚气病。

●鸡蛋 + 柿子 = 上吐下泻，急性肠胃炎。

鸡蛋 + 兔肉 = 腹泻。

鸡蛋 + 茶水 = 便秘。

危险

●海鲜 + 大枣 = 消化不良。

●蜂蜜 + 洋葱 = 伤眼睛。

蜂蜜 + 生葱 = 腹泻。

●酒 + 碳酸饮料 = 加速酒精扩散中毒，对肠胃、肝、大脑等造成损害。

怎样巧记食物的相生相克？

你也许会说：“哎呀，怎么这么麻烦！食物的种类这么多，怎么可能全都记住这些禁忌呢？”

的确，不能搭配在一起吃的食物远远不止这些，虽然吃了有些相克的食物一时不打紧，时间久了却似慢性毒药，对健康很不利。那么，平时要如何饮食才能轻松避开这些禁忌呢?

●在墙上贴一张“食物搭配禁忌总则”

可以用表格或图画的形式表现出来。万变不离其“总”，知道食物中的哪些元素相克，就可以举一反三，不必挨个儿死记硬背了。

●在家就吃家常菜

平时烹饪或进食，不要总想搞出新花样，在家就吃家常菜，一般不会出问题，放心吃就行。

●慎用糖和味精

在烹饪调料中，糖和味精有时会在高温下破坏食物营养，或与食物中某些元素发生反应，产生对健康不利的物质。因此，烹饪中尽量养成菜做好后再加糖或味精的习惯，这样可以省去很多麻烦。

●养成饭后不杂食的习惯

吃饱了饭，一两个小时之后再吃水果、零食，很多原本相克的食物也就不相克了。

●中庸饮食

在饮食搭配上，切忌忽冷忽热，大寒大热。冰激凌和火锅一起吃容易引起腹泻，狗肉和绿豆一起吃会导致胃胀。各种食物都有自己的寒热属性，大寒与大热遇到一起很可能犯冲。

猫妈小贴士

有些食物即便单吃，也要注意。有的生吃有毒，有的吃多了有毒，有的食物无毒无害，但也要在恰当的时间食用，否则可能会误事。

● 豆角千万不要生吃

豆角一定要煮熟再吃，生吃或吃半生不熟的豆角会中毒，严重的会导致死亡！

● 鸡蛋不要生吃

生鸡蛋含有大量微生物、寄生虫，生吃鸡蛋，就意味着把这些微生物和寄生虫也一起吃进肚子里了！

● 杏仁一定要熟吃，且不要多吃

杏仁一定要煮熟了才吃，生吃会中毒！而且杏仁不易吃多，吃多了会中毒，还可能毙命！尤其是婴儿和产妇，一定要慎吃。

● 柿子不要空腹吃

柿子不要空腹吃，也不要多吃，否则容易得结石。

● 司机开车时不要吃太多香蕉

香蕉中含有一些催眠元素，司机在行车过程中最好不要吃太多香蕉，否则容易出事故。

怎样避免『病从口入』？

美食吃好了可养生、治病，吃不好、吃不对就会有损健康。“吃”字看似简单，实则有许多讲究，不好的饮食习惯、饮食理念会把人引向吃的歧途，想要纠正也难。据猫妈了解，W 小区的大多数邻居的饮食习惯都是错的呢！

很多人一直在犯却不知道的饮食错误

●饭后喝汤

不论在家，还是在美食店，通常的上菜顺序是：先上冷盘，再上热菜，最后上汤。

上菜顺序如此，吃饭顺序也只好如此了。只是，先吃饭后喝汤实在不是好习惯。

因为，饭已吃饱，再喝汤容易造成营养过剩，易使人发胖，而且汤到了胃里，会稀释胃液，可胃里这时又装了这么多食物，长此以往将不利于消化。

“饭前先喝汤，胜过良药方。”饭前喝汤才是既营养又健康的饮食习惯。

① 饭前喝汤可以润滑口腔、食道，防止干硬食物刺激消化道黏膜，有利于消化道的健康。

② 饭前稍微喝点儿汤，汤入肠胃，可刺激胃液分泌，汤后再进食，有利于消化。

③ 胃里的汤水和后进的饭食搅拌，更有利于消化、吸收。

④ 饭前喝汤可使胃内食物充分贴近胃壁，增强饱

饭前先喝汤，胜过良药方

腹感，从而使人不至于吃得太撑。吃七八分饱，是很健康的饮食法。

●饭前喝酒

正与“饭后喝汤”相反，人们在饭局上的另一不良饮食习惯就是“一酒当先”，饭前先尽一尽酒兴再说。“空腹三杯卯后酒，曲肱一觉醉中眠。”诗中的意境自是浪漫，不过在现实中，每个体验过醉酒的人都知道，醉酒其实没那么浪漫，醉后撒酒疯不但不体面，身体还很难受。

为什么空腹喝酒容易醉呢？

这是因为肠胃里空无阻碍，酒精长驱直入进入血液，涌向全身，一边伤害肝脏，一边毫不留情地刺激肠胃壁，刺激大脑。长此以往，肝硬化、胃溃疡等病就找上来了。

还有什么比长期空腹喝酒更损害人的健康呢？

不论是高兴时喝，还是迫于应酬，要想喝酒不伤身，除了不要酗酒，更重要的一条就是一定要饭后喝酒。喝酒前胃里先垫吧垫吧，最好吃些高蛋白和可解酒的食物，如酸奶、豆浆、坚果等，不但可保护胃，还可避免醉酒及酒精中毒。

鱼肉满桌

过去缺粮短米的年代，桌上若有一盘鱼或肉，那绝对是招待亲友的大餐了。如今，人们早就不以鱼、肉为稀罕之物，但仍有一些人待客宴请时改不了鱼肉满桌的习惯，一桌菜数十道，全是红烧鱼、糖醋虾，清蒸鳗、烤全鸭、大盘鸡、炖牛肉、烤羊肉、炖猪肘……

客人见到鱼肉满桌，一般不是心存感激，而会心存畏惧，尤其是那些营养过剩和患有肥胖症的人，这样的大餐让他们情何以堪？

鸡鸭鱼肉满桌看着吓人，吃进肚里更吓人。这些高脂肪、高蛋白一起进食很容易造成消化不良。若在冬季，油腻食物吃多了，再一吹冷风，还易腹痛、腹泻。

长期吃这样的“大餐”更是不得了，脂肪肝、高血压、肥胖症一堆病会找上身来。

旧时人说“没鸡，鸭亦可；没鱼，肉亦可”，放到现在，不妨改作“没鸡鸭，亦可；没鱼肉，亦可”。

吃素食坊

现代人物质充裕，讲究苗条、健康，所以大量素食坊纷纷涌现，倡导人们少吃油腻食物、多吃素食，一时颇受追捧。

然而，这些素食坊是真正的素食坊吗？不尽然。

很多素食坊打着“素食”的名号，实质却同荤菜无异。素菜版鱼香肉丝、素菜版宫爆鸡丁、素菜版水煮鱼等，食材的确是萝卜、豆腐，但口味逼真，里面的油水可一点儿没少搁。

真正的素，不一定是不吃鱼肉，鱼肉若少吃，清蒸着吃，也是素的。如果仅仅食材是素的，里面却放了大量油水，这样的素菜其实比直接吃荤菜还荤。这样的素食还有什么意义呢?

因此，健康饮食贵在素雅、素淡，少油少脂肪的才是真健康。盲目追求素食坊并不可取。

●浓茶醒酒

酒喝多了难免要醉，醉了就要想办法醒酒。民间醒酒的办法有不少，其中有一种就是浓茶醒酒，大概以为浓茶可以提神，就可以让醉汉清醒过来吧。

事实上，浓茶醒酒的做法是不科学的。原本酒经肠胃入肝，肝脏有解酒的功效。可喝了浓茶之后会导致利尿，使酒精来不及过滤就随血液进入肾脏，对肾的伤害很大。

因此，醉酒后正确的做法不是喝浓茶醒酒，而应该多喝蜂蜜水、甜果汁等。少量糖能解酒，对健康无害。

●饮料当水

水利万物，一天不喝水对人体的损害远大于一天不吃东西。喝水固然重要，这谁都知道。可喝怎样的水对健康有利，却不是人人都明白的。

一些人有钱了，开始看不上无色无香的淡白开，出门喝饮料，家中喝饮料，饮料还常被当作饭桌上招待客人的饮品。殊不知，饮料可不是什么好东西，喝多了不但没好处，还有相当大的害处。

碳酸饮料伤牙、伤胃，会导致肥胖和缺钙。有色饮料多半添加了色素。各种甜味饮料中的香精、添加剂、防腐剂含量都不小。这么多乱七八糟的东西长久积在体内，不生病的概率是很小的。曾有一位产妇就因拿饮料当水喝，结果产下的男婴性器官发育不全，这样的事情就发生在我们身边。

饮料少喝无妨，但能不喝就尽量不喝，能少喝就少喝，多喝无益。

不管市面上那些饮料广告宣传得多好，这世上最好、最佳的饮品，仍然是淡而无香的白开水。

●饭后甜食

饭后吃甜食似乎是一种时尚、一种小资，甚至被认为是有一点儿尊贵的生活方式。而事实上，饭后吃甜食绝对是多余的举动，它带给你的唯一好处，也许就是长膘、长脂肪。如果你并不嫌弃自己太瘦，就把“饭后甜食”改为“饭后消食”吧。

●鲜香上瘾

在美食上追求鲜香不是错，可一味依赖鲜香却不是好习惯。我亲见有人为了让菜肴鲜一点儿，就往里面倒大量味精、鸡精。一些饭店为了吸引顾客，甚至不惜往饭菜里添加罂粟粉。

天哪，这难道不是舍本逐末吗？

味精、鸡精里含有大量化学物质，吃多了无疑对人体有害，会诱发头痛、作呕、失眠、肠胃不适，甚至影响视力，影响下一代的健康。一个美国人做过实验，让一只母鼠吃下味精后，它产下的幼鼠长大后会内分泌失调。而一些老鼠服用过量味精后，竟然导致了严重的脑神经细胞坏死。味精尚且如此，被称为“毒品”的罂粟就更不用说了。

美食最高的格调不在于一味的鲜香，而在于食材本身的味道。细品之，自然有味，清香沁人心脾。而人造出来的鲜香，味浓却无回味，并且绝对是对人体有害的，尤其是孕妇和幼儿，当远而避之。

哪些食物不宜多吃

诸如酒之类明显对健康不利的东西，人们自然会选择远而避之。生活中最可怕的其实不是这些，而是那些看似是好东西，不小心吃多了却弊大于益的食物。这些食物究竟有哪些呢？

●红枣

红枣可以生吃，也可以熬粥、泡茶。它性甘，能补益脾胃、养血宁神，既美味可口，又可作为补品，颇受人们喜爱。可红枣不宜多吃，每次食用最好不要超过 20 枚。

一是因为枣皮不易消化，吃多了会滞留肠胃，不易排出，还会引发胃病，有损脾胃。

第二，红枣含糖量高，吃多了对牙齿不好。

●杏仁

杏仁具有润肺止咳、润肠通便、排毒养颜等功效，还能降低心血管疾病发生的风险，可以做成凉拌菜，也可以入药，可说是一种神通广大的食物。不过，这么好的东西却不可以多吃。

杏仁分甜杏仁和苦杏仁。

苦杏仁有毒，一般为药用，吃多会中毒死亡。

甜杏仁虽然美味可口，但也不宜多吃，每天吃10~20个就可以了，吃多了会出现呕吐、乏力等中毒症状，甚至呼吸衰竭而死亡。孕妇忌吃，因其易引起流产。

●瓜子

瓜子是最平常不过的一种零食，既美味又营养丰富，人人喜而啖之，尚且可治泻痢、脓包，具有药用价值。然而，在嗑瓜子的时候，不要光吃得起兴，忘了过量食用瓜子给人带来的慢性病——“瓜子病”。

“瓜子病”是一种综合征。表现为口腔（包括舌头和口角）糜烂，吐瓜子壳会造成大量津液流失，导致味觉迟钝，食欲减退。大量瓜子进入胃里，还会导致消化不良。因此，瓜子宜每天吃一把，多吃无益。

肝炎病人尤其要注意，多吃瓜子会损伤肝脏，引起肝硬化，严重的还会导致肝细胞死亡。

●鸡蛋

鸡蛋十分寻常，但营养丰富，是厨房里最常用的食材。鸡蛋灌饼、煎饼、鸡蛋炒黄瓜、茶鸡蛋、煎鸡蛋、清蒸鸡蛋羹……不论在家中还是外出，鸡蛋的影子无处不在。然而，正是这样一种普通得无法再普通的食物，竟然也是不宜多吃的。每天吃 1~2 个就足够了。

鸡蛋吃多了，会有什么坏处吗？当然。

由于鸡蛋含有大量蛋白质和胆固醇，一次性吃太多鸡蛋，小则消化不良、腹部胀闷，损害脾胃。长此以往，则会增加肝和肾脏负担，促使动脉硬化，诱使心血管疾病的发生。

●咖啡

咖啡作为“舶来品”，颇受城市白领的喜爱。闲来冲一杯咖啡，可使生活充满小资情调。现下，在咖啡厅喝一杯咖啡，不但是一种时尚享受，还代表着一种品位与身份。

然而不要忘了，酒不过三杯，咖啡也是如此。可以偶尔喝一喝咖啡，用咖啡来提神，或点缀浪漫，然而咖啡一定不要天天喝，更不要当水喝。尤其是浓咖啡，喝多了会导致骨质酥松，会增加心脏病和高血压的患病率，还可能诱发消化道溃疡。

●西瓜

西瓜是炎热夏季最受欢迎的瓜果，然而它却有个“夏日白虎”的别称，这是由于西瓜性寒，不宜多吃，多吃伤脾助湿。尤其是身体虚寒及有肠胃病的人，最好少吃或不吃西瓜，否则很容易诱发肠胃炎，导致腹胀、腹痛、腹泻、食欲下降等。萝卜、黄瓜也属寒性，不宜多吃。

怎样巧用『厨房八宝』？

“醋只是用来凉拌的吗？酱油只是用来调味的吗？葱、姜、蒜只是做菜的辅料吗？淀粉只能用来勾芡吗？小苏打就是发酵用的吗？大米除了吃就没有别的用途了吗？”如果你问猫妈，她肯定会说“NO!”

你也许不知道，很多我们天天打交道的平常之物，却有着神通广大的用途。

醋的妙用

醋，有数十种妙用，除了可吃、可洗，还可用来消痒、止痛、美容、除菌。

●镇厨之宝

醋，有米醋和白醋之分。作为“厨房八宝之一”，它最主要、最大的功用当然就是用在烹饪上了。虽然仅是一小瓶醋，可偌大一个厨房，到处都有它的用武之地。

① 除腥。做鱼、羊肉时加醋，可除腥膻。

② 增白。煮面条时加醋，可使面条变白。在蒸锅水中加醋，可使蒸出的馒头格外白。

③ 防氧化。去皮的土豆、芋头、山药泡在醋水中不易变色。炒茄子时加点儿醋不易变黑。

④ 去碱。发酵面团碱放多时，加点儿白醋与碱中和一下就可以了。

⑤ 去咸、去苦。炒菜时盐放多了，赶紧放点儿醋补救，可很好地去咸。炒苦瓜时滴几滴醋，可以减轻苦味儿。

⑥ 催化剂。如果想亲手做咸鸭蛋、咸鸡蛋，可把蛋先用醋水泡 2 分钟，然后再放入盐水中腌渍，一周之后便可入味。

⑦ 催熟剂。牛肉、海带、土豆不易煮软，不过在汤水中加一小勺醋，软化速度会大大加快。

⑧ 天然膨化剂。打蛋时，在蛋清中加几滴醋，可以很快把蛋清打得发泡。

⑨ 防焦。在烤网上涂些醋，然后再烤鱼、烤肉，不易烤焦。

⑩ 用陈米做饭，加点儿醋，可使做出的米饭又香又白又蓬松。

●超级洗涤剂

醋具有弱酸性，这一特性使得它在洗涤去污方面具有得天独厚的优势。

① 保光。洗涤绸缎等丝织品时，在水里加些醋，有利于衣物保持原有的光泽。擦皮鞋时加上一两滴醋，可使鞋面更鲜亮持久。

② 固色。买回深色、极易掉色的衣服后先用醋水浸泡 20 分钟，以后再洗不易掉色。涂指甲油前先用温醋

水泡一下指甲，抹上指甲油后不易脱落。

③ 保韧。用醋水浸泡后洗净再穿的丝袜，柔韧性比较强，不容易拉丝。

④ 去亮。毛料裤子经常摩擦的部分（如屁股、膝盖处）会变白发亮，蘸上以 1:1 比例兑成的醋水轻搓，然后覆盖一块干布用熨斗熨烫，能有效去掉亮迹。

⑤ 去渍。衣服上沾染了颜色或果渍，用几滴醋轻搓几下就能去渍。

⑥ 去污垢。厨具色暗、玻璃窗沾有油漆、新铁锅有铁腥味儿、新瓷器微量铝超标、水龙头上的水渍、烧水壶底的水垢等，都可以用醋洗的方法来解决。

●美白养颜妙物

① 在洗脸水中滴几滴食醋，长期坚持，可使皮肤白嫩、细腻。

② 修建指甲前先用温醋水泡一下手脚，不但指甲易剪，而且可有效去除甲缝中的污垢，对手和脚的皮肤有美白效果。

③ 在洗发水中滴几滴醋，之后再用清水冲洗，头发会更柔软黑亮，还可去屑并防止脱发。

●唾手可得的治病小偏方

① 打嗝时饮一小杯醋，一口气喝下去即可停止打嗝。

② 喝醋白开，可润肠通便，帮助消化，对预防晕车也有好处。

③ 温醋水可解酒。

④ 糖醋水可解暑。

⑤ 头晕、头痛时喝点儿温醋水症状可得到缓解。

⑥ 每天吃点儿醋拌菜，可增加食欲，软化血管，降低血压。

⑦ 洗山药、芋头后手痒、被蚊虫叮咬后起包、奇痒，都可以用醋涂抹来消肿、止痒。

⑧ 如遇水、火烫伤，受伤处用醋淋洗，能止痛消肿，减轻伤势，预防伤好后留下疤痕。

⑨ 流鼻血时，用药棉蘸醋塞鼻，可止血。

⑩ 鼻塞时，在冷开水中加一小勺陈醋，用药棉蘸了擦拭鼻孔，可通气。

⑪ 用浓醋水泡脚还可治疗脚气。

⑫ 在流行感冒多发季，在室内喷洒一些醋水，有除菌杀毒的功效。

食醋使用小贴士

●醋还有许多鲜为人知的其他用途，如保鲜（夏季，在鱼身上涂点儿醋不易变质）、延长花期（在养花的清水中滴几滴醋）、去除异味儿（如在新上了油漆的家具旁放一碗醋）等，不愧是名副其实的“八宝之首”。

●不过，尽管醋乃厨房重地最常见的调味品，但“过犹不及”。醋不宜大量饮用，不宜空腹食用，尤其是胃溃疡患者、胃酸分泌过多者、孕妇、低血压者等，一定要慎用。

酱油的妙用

做菜的人都知道酱油在厨房中的地位，就跟植物油和盐一样重要。酱油不但能给菜提色，还具有十足的增鲜、提味效果，如果一道菜不加酱油，或者使用的是劣质酱油，那么再好的食材也很可能被毁掉。不过，酱油除了当调味料，在生活中不要忘了它那些鲜为人知的妙用。

●防腐

鲜肉放久了容易变质，不过用煮沸晾凉的酱油浸泡，可以两三个月不坏，而且鲜味十足。

●除臭

厕所再打扫，也总是难以避免会有一股异味儿，除了可以用醋驱除异味儿，酱油也有异曲同工之妙。用少许酱油洒在燃烧的木炭上，异味可除也。

●去毒

被蜜蜂或毒虫蜇了怎么办？如果家里没有特定的处方药，不如在伤口上抹些酱油，这个偏方也许很多人都不知道，却十分有效。

●止痛

如果皮肤被轻微烫伤，在伤口处涂抹酱油，也有去火毒、止痛的功效。

●此外，药膳酱油、大蒜酱油等特殊酱油，还具有其他调味品所没有的特殊效用。

怎样鉴别酱油？

酱油品种十分丰富，大体上有生抽、老抽，酿造酱油和配置酱油之分。

●生抽，味鲜、色淡，炒蔬菜时适量放些可提味、增色，也可作凉拌用。

●老抽，味咸带甜、色浓，一般放了老抽就不必放盐了。由于色浓，适宜做红烧肉等肉菜时使用。

●酿造酱油，是以大豆、小麦或麸皮为原料发酵酿制后，再往里添加一些调味剂而成，是天然酱油，营养丰富。

●配置酱油，是用酿造酱油和一些化工添加剂为原料配制而成的，内含对身体有害物质，不宜长期使用。

●此外，不同用途的酱油卫生指标不同，供佐餐用的酱油可直接入口，也可用于烹调。但如果是供烹调用的酱油，最好不要用来凉拌。

葱、姜、蒜的妙用

葱、姜、蒜有“厨房三宝”的美誉，但凡炒菜、焖肉，哪怕是做凉拌菜，搁一点儿葱、姜、蒜进去，不但口味独特，味道浓厚，还对身体颇有裨益。当然，大家都在吃葱、姜、蒜，可该怎么吃葱、姜、蒜？除了吃还能怎么用？不见得人人都知道。

●葱。具有祛风散寒、发汗退热、通窍解毒、活血消肿的功用，除了食用，还有许多药用价值。

① 葱头奶治感冒

是药三分毒，婴幼儿排毒、抗毒能力差，生病时能不用药就尽量不用药，如果是普通感冒，可以将带须葱头与奶和在一起蒸熟，挤出汁液喂服，有很好的治愈效果。

② 大葱去饭煳

米饭不小心焖煳了，往饭里插几段大葱，几分钟后可去煳味儿。

③ 巧除锈剂

银、铜、锡、铁等餐具、刀具生锈的时候，不要拿钢丝球拼命擦，最好的办法是取一根大葱，在水中略煮一会儿之后捞出，用它来擦拭这些金属器具，不但能去除污渍，还能使器具返旧为新，焕发出锃锃光亮。

④ 驱赶苍蝇

炎热的夏季，苍蝇滋生繁衍，尤其爱在厨房的食物附近飞旋捣乱。这时，你可以在备做或做好的菜品附近放几段大葱，就可以把苍蝇赶得远远的。

⑤ 消肿止痛

哪天不小心磕伤、碰伤了，家中没有常备药也不必着急，取一段葱，连根带叶切细后捣烂如泥，敷在伤口处，具有化瘀消肿的功效。

大葱使用小贴士

●葱头奶不要与蜂蜜同食，尤其是幼小的婴儿，容易中毒。

●葱不宜多吃，吃多了对视力不好。

●体虚汗多的人应当少吃葱。

●姜。民间有“冬吃萝卜夏吃姜，不用医生开药方”的说法。辛辣并散发着淡淡芳香的生姜，在膳食中十分常见。吃松花蛋、鱼蟹等水产时放一些姜或姜汁，有驱寒、解毒的功效。此外，常吃生姜，还能使人延年益寿。

① “呕家圣药”

生姜捣成泥后与红糖冲热水共饮，可减轻妊娠呕吐症状。生姜汁和米粥一起食用，可以减轻反胃症状。乘车时嚼几片生姜，可抑制晕车呕吐。生姜和黄连、枇杷叶等配在一起，还可以煎制出各种止呕药。称生姜为“呕家圣药”，可谓名副其实。

② 暖胃

脾胃虚寒、食欲不振的人，调半杯鲜生姜汁加蜂蜜服用，可以起到暖胃、护胃，增强食欲的效果。

③ 暖身

天寒时用姜汁洗脚，可以促进全身气血畅通，使人温暖舒适。

④ 防冻疮

冬天，每日取生姜涂抹容易长冻疮的地方，能防生冻疮。

⑤ 祛痰止咳、预防感冒

把生姜切片煎成姜汤加红糖服用，可祛痰止咳，预防感冒，用姜汤洗澡也有这样的效果。

⑥ 治口疮

生姜捣汁漱口，可以治愈口疮。

⑦ 治咽喉肿痛

姜汁加蜂蜜冲水后，每天喝几小勺，可以减轻咽喉肿痛。

⑧ 治牙痛

牙疼的时候，把生姜烘干研末敷上，或者取一片生姜咬在牙痛的地方，能得到很好的缓解。

⑨ 治关节痛

关节疼痛或活动不灵活时，可口服姜汁，或者用生姜汁擦拭患处，能明显缓解关节疼痛、肿胀与僵硬的症状。

⑩ 止血

生姜烧焦研末，敷在流血的伤口处，可以消毒、止血。

⑪ 生发、防脱

萃取姜汁，用它涂抹在头皮上按摩，能促进头皮血液循环和新陈代谢，强化发根，有效防止脱发、白发。久用姜汁涂抹在头部斑秃处，还能促进新发的生长。

⑫ 软化血管

糖醋生姜是“美食之宝”，具有暖身、活血、排毒、开胃、软化血管等功效。

生姜使用小贴士

“早上三片姜，赛过喝参汤”“常吃生姜，不怕风霜”“上床萝卜下床姜，不牢大夫开药方”等谚语，说的都是姜的好。不过，姜虽好，怎么吃还有许多讲究。

●“冬吃萝卜夏吃姜”，说的是夏季炎热，人的阳气外浮，吃的凉食又多，体内其实比较虚寒，这时应该多吃姜，对身体有好处。而冬天寒冷会使人收回阳气保五脏，这时五脏较热，姜应少吃为佳。

●“上床萝卜下床姜”，说的是夜晚该上床睡觉时，应该吃诸如萝卜这样清爽的食物，因为夜晚是休息的时候，身体需要静养。而早晨起来吃点儿姜，可以促进血液循环，使一天都充满活力。

●生姜性辛温，不宜一次性食用过多，内热、便秘及有痔疮的人不宜使用。

●烂掉的姜有毒素，吃了会诱发癌症，导致肝细胞坏死，千万不要吃。

●蒜。大蒜长得不起眼，却集 100 多种药用和保健成分于一身，从杀菌消毒，到美容增白，再到防癌抗癌，可谓“药膳食物”中的“王中王”。那么，在日常生活中，大蒜除了吃，还有别的什么妙用呢？

① 蒜汁止痒

如果身上患了皮肤湿疹、癣、皮炎等时，把半头大蒜捣成泥敷在患处，有很好的止痒效果。

② 解外毒

在野外被毒蚊子、蜈蚣等小虫叮咬后，如果没有专用解毒药，可以将大蒜咬碎后敷在患处，有很好的解毒、止痛效果。

③ 止血

如果有人鼻子血流不止，可以把蒜泥敷在脚心的涌泉穴上，有止血的功效。

④ 通便

大小便不畅，或腿上水肿时，把蒜泥敷在肚脐上，有一定疗效。

⑤ 降血压

每天早晨空腹吃糖醋蒜 1~2 瓣，连食半月，可降血压。

⑥ 治中耳炎

大蒜头捣成泥，加冷开水少许，绞出汁液滴耳，可治已溃烂流脓的中耳炎。

⑦ 治鼻塞

鼻塞时，切一小片大蒜放进鼻孔里，过会儿鼻孔就通畅了。

⑧ 治钩虫病

大蒜捣烂，调入凡士林，临睡前涂于肛门周围，次日洗净，可治钩虫病。

⑨ 口腔消毒

将一瓣大蒜放在嘴里嚼，能消灭口腔中的细菌，还能治愈口腔内起水泡。

⑩ 防指甲脆裂

每天用大蒜擦指甲，长期坚持就会有防指甲脆裂的效果。

⑪ 防蛀、驱虫

在贮米的桶内、厨房等地放几瓣大蒜，有防蛀、驱虫的作用。

⑫ 保鲜

干鱼、干虾、海带等极易霉变，但如果剥开几瓣大蒜放在储藏罐内，密封存放，可使干货久放不变质。

⑬ 钓鱼

在鱼饵中加入适量大蒜粉，能刺激鱼的嗅觉，可提高垂钓率。

⑭ 杀虫

家里种的绿植招虫时，如果懒得买杀虫剂，可以将大蒜捣汁后加水稀释，然后喷洒在植株上，可以杀灭多种害虫。

大蒜使用小贴士

大蒜有许多妙用，外用的但用无妨，涉及吃时还得谨慎。大蒜属辛辣食物，吃多了会上火，还会伤肝损目，令肠胃不适。

淀粉的妙用

你也许会好奇："淀粉能有什么妙用呢？莫非吃了也可以治病吗？"淀粉治病这一说法没听说过，但除勾芡，它的确还有不少可让你大展身手的妙用。

●做素皮肚

皮肚是做汤、炒菜时的常见食材，从市场上即可买得。不过吃腻了皮肚，我们还可以用淀粉做出素皮肚。

方法很简单：两大勺淀粉（红薯粉啦）加半碗水搅匀至完全融化，不要太稀，热锅下油，然后将淀粉水倒入油中，凝结后就成素皮肚了。这个过程跟煎鸡蛋很相似。

接下来，可以再加一些调料炒一炒食用，也可以把整块凝结的素皮肚切了凉拌，爱怎么吃就怎么吃。

●减少蔬菜吸油

在烹饪爱吸油的蔬菜之前，可以在表面沾上一些淀粉，有很好的防吸油功效。

●去渍

如果衣服上不小心沾上了碘酒渍，可以先用淀粉轻搓，然后再洗，即可清除。

小苏打的妙用

具有弱碱性的小苏打被称为“天然清洁剂”。如果你是一位职业主妇，那么家里不能没有小苏打。因为小苏打实在妙用多多。懂得如何使用它，可省去很多厨房里的麻烦事儿。

●烹饪妙用

① 催熟

炖牛肉、煮海带时，汤里放少许小苏打，更容易煮熟煮软。

② 去辛

萝卜有辛辣味，但如果把切好的萝卜抹上一小勺小苏打放一会儿再烹饪，可去辛辣味儿。

③ 保翠

用热水焯豆角、西蓝花等绿色蔬菜时，加一些小苏打，可以保翠。

④ 保脆

油炸裹面黄鱼、鲜虾或排骨时，在面粉糊里和上一点儿小苏打，吃起来又松又脆。

●万能清洁剂

① 用小苏打清洁碗盘厨具，既不烧手，又可以把碗盘等洗得干净、锃亮。

洗洁精只能去除油污，却对付不了厚厚的积垢，但小苏打可以，而且可以使洗后的玩盘光洁闪亮，就像新的一样。

洗洁精对付不了热水瓶中的水垢，但把溶有小苏打的热水灌入其中摇一摇，水垢即可去除。

积在久泡茶水、咖啡的杯、壶上的茶碱等顽渍很难去除，洗洁精对此往往无能为力，但只要小苏打一出手，污渍和异味立除。

② 铝锅除焦

铝锅永久了，旁侧和锅底会被烧成黑乎乎的，影响美观。这时，可用小苏打均匀撒在烧焦的铝锅处，然后再水煮一下，锅底、锅侧的焦痕就变得很容易擦去了（铁锅和搪瓷锅不适用）。

③ 除冰箱异味

冰箱里有异味时，可以用小苏打兑温水，装在敞口瓶中放进冰箱。

④ 除臭、除味

把适量小苏打放进垃圾桶里、出过汗的鞋子里，可以除臭。洗衣服、尿布等，水中放些小苏打，可去除异味儿。

●美容佳品

① 天然“牙粉”

将适量小苏打加在牙膏中使用，有美白牙齿的功效。

② DIY 面膜

用小苏打和燕麦片做成面膜，可美白养颜功效。

③ 去发胶

在洗发香波中加少量小苏打，有助于清除残留在头发上的发胶和定型膏。

④ 去黑头

将小苏打和纯净水按1:10的比例制成苏打水，热水敷脸一分钟，使毛孔打开，然后用棉花棒浸透小苏打水敷鼻，15分钟后拿掉，再用纸轻擦或用暗疮针轻刮，黑头可除也。

●灵丹妙药

① 止痛痒

被蜜蜂、蚊子等小昆虫蜇咬后，用小苏打和醋调成糊状抹在伤口，可止痛痒。

② 预防皮疹

在湿热的季节里，在床单上撒一些小苏打，可预防儿童患皮疹。

③ 消除疲劳

在洗脚水中放两小勺小苏打泡脚，可消除疲劳、减轻酸痛。

● DIY小苏打水

凉白开加白糖后装入汽水瓶（不要太满），然后加入1.5克小苏打和等量柠檬酸，拧好瓶盖，十几分钟后，自制苏打水就可以喝了。

●保鲜功能

把新鲜水果放进溶有少量小苏打的水中浸泡2分钟，捞出沥干后用保鲜袋密封起来，可延长保鲜时间，几个月不烂。

●浇灌鲜花

在花卉含苞欲放时，用含有微量小苏打的水浇灌，可以使鲜花更加艳丽夺目。

淘米水的妙用

大米是人们喜爱的主食之一。在淘米做饭时，不少人都是留住了米，把淘米水则顺手倒掉了，这太可惜了。因为要论功用，淘米水的用处实在是比大米还要多。

●去腻

用热淘米水洗肉，可以轻易洗去粘在肉上的脏物和灰土。

●除腥

用淘米水清洗猪肚、猪肠等，可去腥臭味儿。

●加固砂锅

新的砂锅买回家后，先用淘米水洗几遍，然后再装上米汤熬半小时，这样处理后不易漏。

●防锈、除锈

用浓淘米水浸泡菜刀、锅铲、铁勺等，可以防止生锈。已经生锈的浸泡后可除锈。

●洗涤碗筷

淘米水具有很强的去污力，是纯天然的清洁剂，可用来洗刷碗碟等。

●清洁口腔

用淘米水漱口，可治疗口臭与口腔溃疡。

●养护头发

用发酵的淘米水洗头发，有去污、养发、滋润头皮等功效。

●提鲜

用淘米水浸泡木耳和海带，可以使木耳与海带的味道更加鲜美。

怎样搞定锅碗瓢盆？

厨房是锅、碗、瓢、盆的天下。别看烹饪时这些道具齐上阵，就像上了戏台，“叮叮当当”“咚咚锵锵”，十分热闹，如果台下不下足功夫，为它们做好“美容”“保养”等功课，恐怕使用起来不但无法得心应手，还会有许多小麻烦呢。

砂锅使用必记

砂锅是炖汤的必备厨具，高温烧制而成，传热均匀，通气、保温、吸附、抗氧化性能佳，而且不易与食物中的元素发生反应。

用砂锅慢慢煲出的汤，原汁原味，香味浓郁，口味醇厚，汤汁清爽，风味独特，非铁锅、铝锅等锅可比也。

不过，砂锅也有爱漏、易炸的毛病。用不好，砂锅可能会成为“炸锅”。

用砂锅慢熬出一锅汤，端到中途突然“砰”一下炸开，这威力可不容小觑，很可能不逊于一枚小型炸弹。

那么，要怎样防止砂锅变成“炸锅”，杜绝此类厨房事故发生呢？

●如果选购砂锅

“英雄不问出处”，大品牌及在专卖店购买的砂锅未必可靠。要买到优质砂锅，关键还得看砂锅本身的陶质、外釉品质如何。

① 看陶质

砂锅的优劣，关键在于陶质的优劣。好的砂锅，陶质细，颜色白，表面釉光洁明亮，给人大气、精致的感觉。看外表就知道是粗制滥造的砂锅，这种砂锅很容易炸裂。

② 看结构

好砂锅平稳，锅体圆、正。内壁光滑，无裂痕、裂缝，无突出的砂粒。锅盖可以紧扣砂锅口，转动时会有平滑的摩擦感。锅体变形、有裂缝、锅盖盖不严实的砂锅质量低劣，最好不要购买。

③ 看锅面的纹路

好砂锅的锅面有不规则纹路，线条自然流畅。纹路太密的则是次品。

④ 观察锅面是否凹凸

好的砂锅锅面都平整，少有凹凸不平的地方。但一些商家为了以次充好，会在凹眼处填上石墨。因此，选购砂锅时可带一把小刷子在砂锅面上轻轻刷，如果是次品，很快就会暴露原形。

⑤ 听声音

选购砂锅时，还可以用锅盖轻敲锅体，或用一枚硬币轻轻敲锅体，如果声音清、亮、脆，说明是好砂锅。还可以把砂锅倒过来，用手指顶住凹面中心，然后用硬币轻敲锅底，响声大、手指震感大的，是好砂锅。

⑥ 看锅底

买砂锅时，最好买锅底较小的，这样的砂锅受热快，使用起来省燃料，省时间。

⑦　看厚薄

买砂锅时，薄的比厚的好。

⑧　此外，选购砂锅时，最好选用内壁为自然色的砂锅，不要买内壁有瓷釉的。

瓷釉中含有少量铅，煮酸性食物时铅会溶解出来，有害健康。

●砂锅防裂小妙招

买回一口好砂锅就一定不会裂了吗？不一定。为了减少砂锅变“炸锅”的危险，最好对砂锅进行以下几个步骤的“保养”：

①　对于新买的砂锅，先用一把柔软的小刷子轻轻刷拭，掸去沙砾。

②　去除砂砾后，用淘米水清洗两遍。

③　然后，找一个有经验的箍扎师父，用粗铁丝给砂锅上一个“紧箍圈”以加固砂锅。

④　第一次使用时，先不要煲菜汤，最好熬满满一锅面汤或稀粥，吃完后不要立即刷锅，而是把它放在小火旁略烤一烤，这时面糊或米糊会粘在上面，形成了一层自然保护层，有很好的防漏效果。

⑤　最后，用海绵轻轻洗净砂锅。经过这几道程序的保养，一口不炸不漏的砂锅就出现了。

●砂锅防炸九忌

再好的砂锅，如果使用不当，都会发生炸裂的现象。要想彻底避免砂锅成“炸锅”，除了买得好，保养好，尤其还需要用得好。

①　忌大火烘烤冷锅

应逐渐加温，先文火后旺火，小火慢炖。

② 忌把热锅放置在瓷器、玻璃、水泥上

应拿木片、草垫或铁圈架等把它架起来，使其均匀散热，缓慢冷却。

③ 忌炒菜

只宜煲汤。

④ 忌干锅烧烤

应在砂锅中先放好水，然后再放到火上。

⑤ 忌熬制黏稠的膏滋食品

⑥ 忌往热锅里添加冷水

如水不够，应添加热水。

⑦ 忌将刚用完的热锅用冷水冲洗

应晾凉后再洗。

⑧ 忌打湿锅底

使用前最好用干抹布擦一下锅底，确保锅底和锅体外面干燥。

⑨ 忌汤锅、药锅混用

应专锅专用。

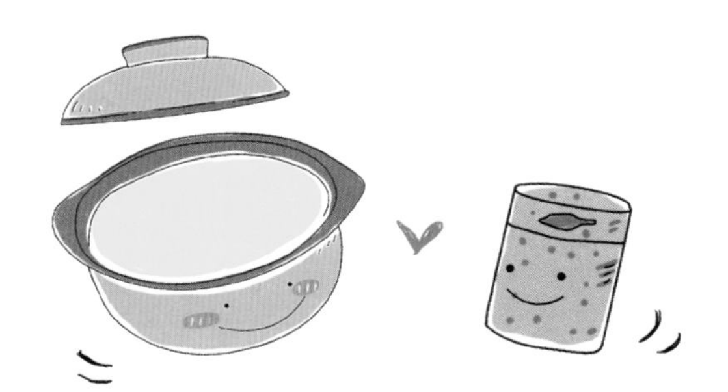

砂锅使用小贴士

砂锅毕竟是陶瓷制品，生性娇脆，禁不起钢丝球等坚硬物的蹂躏。如果砂锅上沾有油渍、焦痕，可以先用茶叶渣擦拭然后清洗。

铁锅使用必记

铁锅结实耐用，可煮、炒、煎、炸，大铁锅还可蒸馒头、焖米饭，用途广泛，且不含有害化学物质，铁锅内一些微量铁元素渗入饭菜中对人体也是有益的，真正是厨房“宝中宝”。

这“宝中宝”虽好，在使用过程中却有一些小不足，比如爱生锈、有铁腥味儿、爱积锅垢等。这些顽疾很不好去除，怎么办呢?

●铁锅有味儿怎么办?

① 铁腥味

新买的铁锅通常会有一股铁腥味儿。要除掉这股味道，可以先把空锅放火上烧一烧，然后加入热水和红薯皮沸煮一刻钟，腥味儿即除。

② 油渍味

炒完菜的铁锅会留下许多油渍，如果不洗净，会影响下一道菜（尤其是汤菜）的味道。用铁锅煮一锅汤，里面放一双木筷或竹筷（要没有油漆哦），然后把汤倒掉，锅里的油渍就可以去掉了。

③ 鱼腥味

做完鱼的铁锅会留下一股很大的鱼腥味，不好去除。这时，可以把铁锅洗净烘干后，用白酒将铁锅擦一遍，再晾干，腥味即除；也可以通过沸煮茶叶的办法去鱼腥味。

●铁锅爱生锈怎么办?

① 开锅防锈妙方（一）

买回一口新铁锅，先不要急于用水和清洁球刷洗，合理的做法是：先用新铁锅炒一盘青菜（当然不能吃啦，所以放一些择出来的不要的菜叶就行），炒的时候用锅铲均匀擦刷，几分钟后倒出菜和菜汁，然后加水，往锅里加一把茶叶沸煮。这样不但清洁了新锅，以后还不容易生锈。

② 开锅防锈妙方（二）

买回新铁锅后，可拿一块连皮猪肉当肥皂使，均匀涂擦锅面，一边涂擦，一边用小火烘，直到肥肉被炼成黑猪油。倒出黑猪油，热水净锅擦干，再用一块新猪肉涂擦。这样重复三四次，直到炼出的猪油不再变黑，一口干净、光滑、不爱生锈的铁锅就炼成了。

③ 日常防锈必记

不用铁锅做汤，否则易破坏防锈保护层。

如果炒菜后粘锅，要泡软了再洗，别用钢丝球使劲擦。

洗锅时勿用洗洁精，用清水刷洗就行。

洗完锅，要用干布把锅面的水渍擦干，或用锅架的余热烘干，锅底不积水就不会生锈。

④ 食醋妙除铁锈

如果已经生锈，可以往锅里放一勺醋刷洗除锈。

●铁锅爱积油垢、焦痕怎么办?

铁锅用久了，锅边的一圈和底部会结一层厚厚的油垢，很难去除。比较实用的办法就是用小苏打粉去铁锅焦底。方法是：

① 先将锅底的油垢、焦黑处用水沾湿；

② 然后在积了油垢、焦痕的地方撒上适量小苏打粉；

③ 放一夜，第二天锅底的油垢就会被充分软化，再用刷子轻轻刷掉即可。

不锈钢锅、铝锅除垢小贴士：

● 不锈钢锅除垢

① 在一口大锅中放入菠萝皮（或梨皮）和水，然后把需要去除油垢的小号不锈钢锅放进里面沸煮一阵，冷却后取出，油垢即除（不适宜带木柄、塑胶柄的锅）。

② 用切剩下的萝卜头反复擦拭不锈钢厨具上的污渍，也有很好的除垢效果。

● 铝锅除垢

把铝锅放在有洋葱（也可以是柠檬片、土豆皮、苹果皮等）的水中沸煮，可以去除铝锅上的焦痕。

瓷器使用必记

厨房里常用的杯盘盏碟等器具多为瓷器。瓷器净白、光滑，精美漂亮，但使用一段时间后会出现开裂、发黄、出斑等现象。怎么办呢?

●陶瓷厨具如何防裂?

① 用瓷碗盛热汤时，可以用温水预热一下，以免骤热开裂。

② 不要用瓷碗（尤其是薄胎瓷器）盛刚煎好的猪油或热油。

③ 冬季室内温度低，洗刷碗盘时，水温不宜太高，否则容易发生爆裂。

④ 盛了热汤水的碗盘下最好放一个碗垫，避免直接与瓷、玻璃等冷桌面接触。

●陶瓷厨具如何长久白亮如新?

① 清洗时使用小苏打，白色瓷器洗完后会白亮如新。

② 洗碗盘时，可在水中放几片柠檬皮和橘子皮，或滴几滴醋，能使碗盘白亮而富有光泽。

③ 如有条件，碗碟最好不要叠放在一起，因为碗底、盘底比较粗糙，容易磨损下面碗盘的釉质，使其粗糙发黄。

●劣质、残破陶瓷要慎用

① 表面多刺、多斑，釉质不均匀，有裂纹的陶器或瓷器，釉中所含的铅会溢出，不宜做餐具及盛放、储藏食物的工具。

② 补过的瓷器含铅量高，也不宜做餐具。

砧板使用窍门

●砧板防裂

① 竹、木砧板用久了容易开裂，因此新砧板买回家后，可在上下两面及周边涂上食用油，待油吸干后再涂，涂三四遍。等油干了之后，砧板就不易开裂，会比较耐用。

② 可以在新买的竹、木砧板四周箍一个铁圈，把砧板紧固一下，可以预防开裂。

③ 竹、木砧板洗净后，应放在阴凉通风的地方，防止太阳曝晒。

●砧板发霉怎么办?

① 把发霉的砧板在淘米水中浸泡一刻钟，然后用盐或碱擦洗，可以轻松把霉除掉。

② 先用姜或洋葱在发霉的砧板上擦几遍，然后再用热水冲洗，也可以轻松除掉霉斑。

③ 洗净的砧板应该用干布擦干，立放在通风、干燥处。

砧板使用小贴士

●市面上的砧板有木板、竹板和塑料板三大类。

木板厚实、韧度强，适宜剁肉和切硬物。

竹板易清洁，但板薄，适宜切蔬菜和水果。

塑料板轻便易洗，不会开裂、发霉，方便不经常做饭的人使用。

●买木砧板，可选购白果木、皂角木、桦木和柳木。乌龙木有毒，杨木易开裂。

●塑料砧板久用变色，可以用海绵蘸一点漂白剂轻擦，污渍立马就会被清除干净。

●清洗砧板时，可用软毛刷子轻刷，或用海绵清洁，不要使用坚硬的清洁球。

怎样拥有一把宝刀？

切菜还需要好刀。所谓好刀，就是锋利、轻重适宜并且不生锈的刀。

怎样选一把锋利的好刀？

●看刀口

刃口平直的刀，磨、切都方便。刃口弯曲、有缺口的刀，就像一副没长好的牙，切起东西来会很不方便。

●锉刃口

“好钢用在刀刃上。”对于未开刃的刀，可拿锉轻拭刃口，如果有光滑感，说明刀刃含刚，硬度比较好。

●削铁

拿新刀削铁（注意，是削，千万不要砍哦！也不要拿刀刃削刀刃，硬碰硬只会两败俱伤），能在铁上削出硬伤的，是刚硬的好刀。

怎么磨出一把快刀？

厨房快刀在切、砍、剁、片、刮中度过一天又一天，总有钝的时候。好刀老了，扔掉太可惜，太浪费。与其换新刀，不如在家准备一块磨刀石，花五分钟时间再磨出一把好刀。

不要把磨菜刀想象成是一项很艰巨的工程。

菜刀只作切菜剁肉用，又不拿来杀猪宰牛，磨刀时完全不必“磨刀霍霍”，浑身使劲。

磨菜刀技巧：手执刀把，斜着刀刃往磨刀石上轻擦几下（不要来回磨，应顺着刀刃向刀背的方向，向斜上方摩擦），再翻过来轻擦几下即可。

怎样的刀轻重适宜？

一把刀好不好用，不但取决于它锋利与否，还要看重量是否合适。

刀子太重，用起来手酸费力，太轻，剁肉、砍骨头时轻飘飘、又不中用。选购菜刀时，要先拿在手里掂一掂，抖一抖手腕，以轻重适度为佳。

菜刀怎么才能不锈？

菜刀是厨房里不可或缺的厨具，只是它每日“酸里来、碱里去”，时间长了会生锈。用生锈的刀切来，菜上会沾上锈味，常用对健康不利。因此，菜刀一定要做好防锈、除锈措施。

●菜刀防锈（一）

每次使用完菜刀后，在表面抹一层素油，可防锈。

●菜刀防锈（二）

用水冲洗净菜刀后，拿一块姜片在菜刀上抹一遍，可防锈。

●菜刀防锈（三）

在容器里装上水，内置少量石灰石，把用完的菜刀搁置石灰石水中，可防锈。

●菜刀防锈（四）

用后的菜刀在滚水中过一下，可防锈。

●菜刀防锈（五）

“刀不磨要生锈”，定期磨刀，也可以防止菜刀生锈。

●菜刀除锈（一）

如果菜刀已生锈，且锈迹面较大，可先用磨刀石把锈迹抹去，然后再使用前四种方法中的任意一种防止生锈。

●菜刀除锈（二）

少量锈迹，可以切开一个葱头，在生锈处擦拭，锈迹可除。

●菜刀除锈（三）

用萝卜片加细沙擦拭，锈迹可除。

●菜刀除锈（四）

在锈迹处洒一点水，然后用食盐擦拭，除锈后再在淘米水中浸泡会儿，既可除锈，又可防锈。

怎样在厨房里大显神通？

一个主妇会不会过日子，全体现在一些微不足道的小事上。当邻居们抱怨每日做饭太费时，每天要在清洁厨房上花费不少力气时，猫妈却一声不吭，很轻松就把这些事完成了。而且猫妈家的水、电、煤气每月都比邻居家用得少。为什么呢？

当然还在于一个“巧”字。

怎样巧洗餐具更节水？

●每天淘完米别把淘米水倒掉，用淘米水洗碗，可洗去碗盘上的油渍，既清洁又环保，还能省水。

●沾油多的餐具，可用纸先擦去餐具上的油渍，然后再用淘米水或热水洗第一轮，再冲洗，比直接用凉水和洗涤剂清洁省水。

●如果主食是馒头，吃到最后用馒头把盘子“扫”一遍，油污立除，清洗时可省水。

●洗涤较多餐具时，第一轮最好用盆洗，比冲洗省水。

●第二轮洗涤餐具的水比较清澈，可用空盆接着，用于下一餐洗涤，或拿来浇灌植物等。

怎样巧做饭更省时？

做饭费不费时，跟能否统筹安排有很大关系。那怎么安排才能节约时间呢？

●需要做汤、炒菜、炖菜时，应先炖菜、煲汤，最后炒菜。

炖菜比较慢，而且炖菜的过程中不需要人照顾，因此可以先把需要炖的菜洗好，炖着，然后再切、洗别的菜。炒菜易凉，炒完菜，炖菜和汤都好了，正好一起上桌。

●炒菜时，应以清炒为先，需勾芡、易粘锅的为后，因为需勾芡、易粘锅的菜做完后锅很难清理。这样安排，可节省刷锅的时间。

●炒菜时，还应以油大的为先，油小的为后。一是因为油大的菜往往不粘锅。二是炒完油大的菜，锅里往往会留下不少油，正好用来炒下一个菜，省时又省油。

●用同一口锅做菜时，鱼、猪肠、羊肉等有腥膻味的菜应放在最后。因为做完这些菜，锅上会沾有腥膻味，很难去除。若是别的菜里混进了腥膻味，会影响口味。

怎样巧用火更省煤气？

在能源短缺的年代，油价年年飞涨，煤气价格也节节攀高。要想护住钱包，就要学会合理用气，节省煤气。

●把握好气阀开度，尽量让火焰外延正好包围锅底，因为火焰外延温度最高，火开太大了浪费，太小了散热快，也浪费。

●用蒸锅蒸东西时，里面的水不要放太多，够用就行。

●做不易软、不易熟的炖菜最好使用高压锅，省时省气。

●煮菜、蒸菜时要盖好锅盖，可以有效减少煤气消耗。

●烹饪过程中，中间需要停下来准备料理时，应把火关上，不要一直让煤气燃烧着。

●使用锅底大而薄的锅，受热快，可节省煤气。

怎样巧去顽固的胶纸标签？

新买的厨具上都会贴有标签纸，有些胶纸标签十分难以清除。如果拿小刀等利器硬生生地揭，则会损坏器具。怎么办呢？

●如果是不锈钢、铁等不怕烫的厨具，可用蒸汽熨斗熨一下，胶纸标签很容易就可剥离。

●如果是塑料的，可先用醋水把胶纸标签上面的纸质部分泡软，去除下面的胶，擦干后用橡皮反复擦，可以把粘在上面的胶纸除得干干净净。

●滴几滴风油精在胶纸上，等它晾干了，或用吹风机吹干，过会儿就可把胶纸撕下来。

●挤一点儿护手霜在胶纸标签上，用手指涂开，抹

一抹，然后再用指甲从边缘揭起，也很容易揭掉。

●此外，把洗甲水、酒精、丙酮等涂抹在顽固的胶纸标签上面，也可以去除。

如何巧妙清理油烟机油盒中的油？

油烟机的油盒在厨房中受油烟污染最严重。油盒中每次油满，都黏糊糊的，很难清洁。怎么办呢？

●把黏稠的油倒掉后，往油盒中加入水、洗洁精和几勺白醋的混合物，浸泡 20 分钟左右，即可去除厚厚的油渍。

●除去油渍后，在油盒底部加一点儿水，然后再挂在油烟机上使用。由于水的密度比油大，油会浮在上面，下次油满时直接倒出即可，污油不会再粘在上面。

饮水机里的污垢怎么除？

取一片新鲜柠檬片，切半，去籽，放进饮水机内煮两三个小时，就可以除净里面的白色水垢。

厨房地面的油污怎么除？

●厨房乃油烟重地，地上很容易留下黑色油污，扫不掉，拖不掉，要彻底清除这些油污，最好在擦地前先在地上泼一些热水，把地上的污迹软化一下，然后再在拖把上倒一些白醋，拖地时便可以有效清除地面上的油污。

●如果厨房是光滑的地砖，可在地砖上撒一些小苏打，再用潮湿的拖把拖，可以把地面处理得十分干净。

怎样才能减少厨房中的油污？

●炒菜时冒出的油烟不但污染厨房环境，而且含有不少有害物质，会使整天泡在厨房里的人腰酸、背痛、乏力。要减少厨房中的油污污染，应先打开排气、排油设备，再开煤气。炒完菜关掉煤气后，可让排气设备再抽排一会儿油烟。

怎样保存食物更鲜美？

食物保鲜也是一大学问，保鲜不当，食物会烂、潮、霉、臭，造成极大的浪费。那么，食物保鲜究竟有哪些学问呢？猫妈有办法。

食物放冰箱就一定能保鲜吗？

一般情况下，温度越高，食物越容易腐烂。冰箱可以恒定低温，对食物有一定保鲜作用。可冰箱的保鲜效果和期限也是有限的，千万不要把冰箱当作永久保鲜橱柜。想提高冰箱保鲜的效果，需要注意以下几点。

●鲜肉贮藏

买回鲜肉后要洗净，切成若干块分装在保鲜袋中贮藏（为了便于解冻）。冷藏室只能保鲜 2~3 天。需要长期贮存，应放在温度低于 −18℃的冷冻室。

●鲜蛋贮藏

应放在 0℃以上的冷藏室内贮藏。冷冻后的鸡蛋就没法儿吃了。

●禽肉类贮藏

清除内脏，洗净控干沥去血水，撒少量细盐，然后把整鸡或整鸭装入一个保鲜袋里，扎紧袋口后贮藏。冷藏室只能保鲜 1~2 天。需长期贮存，应放在低于 −18℃的冷冻室。

● 鱼虾贮藏

鱼虾中以活鱼、活虾的滋味最为鲜美，如果实在需要贮藏，鲜鱼宜先去鳞、腮、内脏和血水，完全洗净、控水后，再装入保鲜袋放冷藏室冷藏。

鲜虾洗净、煮熟、晾凉后冷藏，可保鲜。

鱼虾冷冻后会鲜味大失，口感也难再细嫩滑爽，因此尽量不要冷冻。

● 蔬菜水果

蔬菜瓜果宜洗净、擦干水后装入保鲜袋，扎紧袋口冷藏，温度最好控制在0~10℃。千万不要放冷冻室，冰冻的新鲜果蔬就没法儿吃了。

冰箱冷藏、冷冻保鲜上限

● 0~5℃冷藏、装入封闭容器保存的情况下，保鲜最多不超过1星期：

① 肉类（猪肉、牛肉、鸡鸭肉、鱼肉等）：1~3天。

② 加工食品（火腿、香肠、豆腐等）：3~4天。

③ 乳制品（牛奶、酸奶等）：5~6天。

④ 蔬菜：3~5天。

⑤ 水果：5~7天。

● -18℃冷冻、装入封闭容器保存的情况下，保鲜最多不超过1年：

⑥ 海鲜、香肠、奶油、冻饺等：不超过3个月。

⑦ 肉类（猪肉、羊肉、鸡、鸭等）：不超过半年。

哪些食物不宜放冰箱保存?

我们日常所见的食物并非都是喜凉怕热型的。有些食物怕凉，有些食物怕冻，在低温情况下不但不能保鲜，还容易变质。来看看这些不耐凉、不耐冻的食物吧。

●香蕉

在低于12℃的环境下，香蕉易变黑、腐烂。

●黄瓜、青椒、西红柿、南瓜这类瓜果

太热瓜果容易腐烂，气温低于10℃又会被冻“伤”，从而变黑、变软、变味、出水。

最好每次少买，现买现吃。夏季实在太热可将瓜果放冷藏室，但也不宜超过一两天。平时常温存放就好。

●焙烤食品，如面包、月饼等

面包放冰箱会老化、变硬，月饼、饼干等会发潮，失去原有的口味，久放会霉变。

●巧克力

巧克力容易受潮，从冰箱里取出后表面会结霜，如果不立即吃掉，会霉变或生虫，宜常温存放。

●中药药材，如人参、鹿茸等

冰箱里杂物较多，各种气味及滋生的细菌侵入药材，会破坏药性，而且药材不宜受潮，因此不要放冰箱冷藏。

●解冻后的冷冻食品

鸡、鸭、鱼、肉从冷冻室里取出解冻后，比新鲜鱼肉更容易腐烂，因为解冻过程中会生成大量细菌。冷冻

食品解冻后再装入冰箱冷冻，一是造成营养大量流失，二是滋生的细菌会与冰箱里其他食物发生交叉感染，污染冰箱的清洁环境。

●刚买回的新鲜果蔬。

因为新鲜的水果和蔬菜表面存有残余农药，如果立即放入冰箱，会降低果蔬分解残毒的能力。

果蔬保鲜妙招

夏季，新鲜的瓜果、蔬菜买回家后很容易腐烂变质，放在冰箱里也无法长久保存，怎么办呢？别怕，猫妈有妙招。

● 密封保鲜法

瓜果蔬菜变得不新鲜，主要就是暴露在空气中被氧化了。把新鲜水果装进保鲜袋里，封好袋口，可以延长保鲜期。这种方法比较适用于苹果、橘子等水果。

举例：苹果保鲜。苹果较小，可以用纸一个个把它们包裹起来，然后再装进塑料袋封口，放在0℃左右的地方保存就行。另外，金冠苹果容易失水，存放时可在旁边放一盆水，保持空气的湿度。

● 盐水保鲜法

有些水果个头太大，水分又多，不适宜捂着。这时，可以采用盐水保鲜法。

举例：西瓜保鲜。

西瓜个大体重，要把偌大一个西瓜搬进冰箱实在不太现实，何况西瓜怕冷，不宜久放冰箱冷藏，最好使用盐水保鲜法来保鲜。可用干布将西瓜外皮擦干净，然后用浓度为15%的盐水抹一遍，再用干布擦干放阴凉通风处，瓜底最好垫一层软草，放十天半个月基本没什么问题。当然，要久放的西瓜不宜太熟，有条件的话，放地窖效果最佳。忌叠放、垒放、硬物挤压。

● 亚硫酸氢钠和胶硅保鲜法

举例：葡萄保鲜。

葡萄一串一串的，没法儿保证个个保鲜，又软软的怕压怕挤，保存起来略微麻烦些。如果有大量葡萄，如整箱的，可将亚硫酸氢钠和胶硅按1∶2的比例兑成的混合物来保鲜。方法是每10斤葡萄里放三小袋混合物（每袋15克左右），装在容器内，盖好放冰箱冷藏，每个月让葡萄“透透气”，保鲜时间可长达半年之久。

●小苏打溶液保鲜

举例：柑橘保鲜

柑橘易烂，而且容易失去水分，捂着、敞着似乎都不合适。这时，可以将柑橘放入小苏打溶液中浸泡一分钟，捞出自然晾干后装入保鲜袋，扎紧袋口。经过这样处理的柑橘，放置三个月仍然可以汁多味甜，色泽鲜亮。

食品怎样防潮、防霉?

干菜是厨房美味一绝。干豆角、金针菜、海带、鱼干、木耳等吃起来别有一番风味，只是放久了容易发潮、发霉、变质，还会被虫蛀。那么，这些干货该如何防潮呢?

●密封保存

雨水丰沛的季节，到处都潮乎乎的，贮存的干货很容易回潮、发霉。要防止干货发潮，一定要做好密封保存工作。如果是袋装的，一定要把袋口封严，并在外面多套几只袋子，然后放在通风、阴凉处。

●干燥剂防潮

拆开袋装食品，会发现里面一般都会有一袋干燥剂。干燥剂有两种，主要成分为生石灰和胶硅。买一些干燥剂回家，与干货密封保存在一起，可以有效吸潮，防止食品发霉。

平时吃零食时，不要把装有干燥剂、防霉剂等小袋

袋随手丢掉，平时注意收集，积少成多，到了多雨、潮湿的季节就可以派上用场了。

●烘烤防霉

把金针菜、香菇、木耳等干菜定期从袋中取出，放在温热的锅上烘烤一下，也可以防潮。

●海带防潮

这一招数适用于大米的保存。大米受潮后爱招虫、发霉，可在米桶内放入少许干海带，不但不易招虫，还有很好的防潮作用。

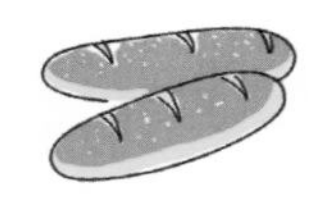

防潮小贴士

●用塑料袋装食品时，一定要尽量挤出袋子里的空气，然后再拧紧袋口。套外袋的时候也应如此。否则，食品就像直接暴露在空气中一样，还是会受潮。

●仅仅把食品装进盒子里，用盖子盖上，算不上密封。因为盒子里有空气，食品依然会发潮。

●为防止发霉，对食品烘烤完之后，一定要冷却了才可以重新装起来。否则，冷热相遇凝成水汽，烘烤的工夫不但白费，还可能加速食品回潮、发霉。

大米怎么防蛀？

大米是厨房主食之一。贮存时间一久很容易长虫，尤其是炎热的夏季。要预防大米长虫，除了存米不宜过多，及之前提到的“干海带防霉”之外，还有如下几种办法。

●盛米的器具要干燥、洁净、严实，将米放进缸、坛、桶中，而且一定要有盖子。可以防止小虫爬进里面产卵。

●将装大米的米袋放在花椒水中沸煮几分钟，捞出晾干后再来装米，且在米堆中放一个用纱布包裹的花椒包，可以有效防虫、防霉。

●在米桶内放几枚洗净、晾干的螃蟹壳、甲鱼壳或大葱头，也可以防止蛀虫滋生。

●米缸容易回潮。如果在缸底撒上一寸厚的草木灰，然后再把米袋放入其中，置于干燥、阴凉的地方，会起到有效的防霉、防虫效果。

●如果不确定大米中是否有虫卵，可将干燥大米装入塑料袋中，扎紧袋口中放入冰箱里冷冻两天，把米里的虫卵冻死，就不会再孵化出米虫。

食品发霉了怎么办？

食品存放不当，或者天气太过潮湿，会出现回潮、发霉等现象。有些霉变的食物有毒，切忌食用，否则有可能引发肝癌，应该立即扔掉。有的适当处理一下则还能继续食用。

●香菇容易受潮发霉。如果香菇表面长出了青黑色的霉花，程度轻微的可以用软刷轻轻刷去霉花，然后再用小火将香菇烘干，仍可继续食用，但切忌水洗或曝晒，否则会失去香味。

发霉严重的要果断丢弃，断不可再食用。

●大米、花生、开心果等受潮后会长出黄色的霉斑，霉斑中含有致癌的黄曲霉素，即便经过沸煮也无法消毒，因此一旦霉变，千万不可再食用。

如何辨别食品是否霉变？

被霉菌污染的食物进入肠胃后可引起急性中毒症状，甚至会引发生命危险。吃了某些霉变食物后，短期内看似不要紧，长期食用则会诱发肝癌、肠胃病等疾病。因此，日常生活中一定要擦亮眼睛，千万不要误食了发霉的食物。

●看颜色

发霉的大米表面呈浅黄色、浅灰色或绿色。

发霉的馒头、饭菜表面会长出灰白色、黄色或绿色的绒毛样霉菌。

发霉的糕点会长出白色、绿色或黑色斑点。

发霉的花生米被剥去红衣后，可以看到果仁发黄。

●闻气味

发霉的食物不再有醇厚的香味，而是会散发出一股霉味或潮乎乎的异味。

葡萄酒怎么保存？

●葡萄酒喜恒温，最忌讳温度的剧烈变化。

通风、避光、隔热且恒温的地下室，是它最理想的“居所”。

●葡萄酒喜静。

如果不喝葡萄酒，就不要经常拿它摇一摇、晃一晃。对它过于爱不释手，会使葡萄酒变味，不再如最初那般醇香。

●葡萄酒喜欢平躺或斜躺。

在酒类中，把清香醇烈又色彩明艳的葡萄酒比较睡美人十分妥帖。因此，存放葡萄酒时，最好让它躺在酒架上。这样能保证软木塞得到浸润。否则，软木塞会渐渐变干，使空气进入瓶内而破坏酒质。

●葡萄酒还喜欢清洁。

最好把酒存放在无色无味的地方，远离榴梿、葱蒜等散发异味的东西。否则，各种异味窜入酒中，会大大影响酒的品质。

●葡萄酒要及时饮用。

葡萄酒跟黄酒、白酒不同，不是越陈越醇，如果错过最佳饮用时间，便会如一位迟暮美人，不再“秀色可餐”。因此，对待葡萄酒，还是“花开堪折直须折”，“酒好堪喝直须喝”吧。

蜂蜜怎么保存？

●炎热的夏季，蜂蜜容易发黏发酵。放在冰箱里，蜂蜜又会结晶。为防止蜂蜜在常温下变质，可以把盛蜂蜜的玻璃瓶放在65℃左右的热水中温30分钟。

●姜片可以使蜂蜜保鲜。办法是在每1斤蜂蜜中加入一小片生姜，然后密封保存。加了生姜的蜂蜜，就久放而不变质。

花生米怎么保存？

●烫晒法。

把花生米晒4~5天，让它彻底干燥。然后清水陶净后放入开水中浸烫15分钟左右。把烫完的花生米趁热与细盐、玉米面搅拌均匀。再晒3天，使其完全干燥。经过这么一番处理的花生米，等冷却后用塑料袋装起来密封保存，可长时间不发霉、不变色、不走油。

●在盛花生米的容器里放2支香烟，然后再密封保存，可防止蛀虫。

●在盛花生米的容器里放几片干辣椒，可延长花生米的保质期。

海参怎么保存？

将海参晒得干透，装入双层食品塑料袋中，再加几头蒜，扎紧袋口悬挂在高处，可以不变质、不生虫。

哪些食物放在一起会“打架”？

食物也会“打架”？这真是闻所未闻。不过，食物又怎么没有自己的脾性呢？在生活中，其实有很多食物都不能共存，有的食物之间似乎有“不共戴天之仇”，在一起久了，往往“不是你死就是我亡”。

●食物为什么会“打架”？

食物“打架”，是因为“性格”不合。食物们虽不会说话，但它们的“性格”可以通过释放气味、化学元素、改变周围温度等方式来表现。有的食物喜凉，有的食物却爱释放热气。有的食物讨厌乙烯，有的食物却全身都释放乙烯。这么一来，食物与食物之间还能不“打架”吗？

●哪些食物最爱“打架”？

“性格”不合的食物待在一起，会彼此伤害。那么，究竟有哪些食物不能共存呢？

① 米与水果

大米积聚在一起，容易发热，而水果饱含水分，会不断蒸发水分。如果大米和水果放在一起，大米会吸收水果中释放出来的水分，从而发霉、生虫。

② 黄瓜与西红柿

西红柿是黄瓜的“天敌”，它会释放出一种叫乙烯的化学物质，导致黄瓜腐烂。反过来，腐烂的黄瓜又会导致西红柿腐烂。因此，买回家后，西红柿和黄瓜如果不立即吃掉，最好分开放。

③ 鸡蛋与生姜、洋葱

如果你仔细观察，会发现鸡蛋的蛋壳并不像塑料一样严丝合缝，而是有许多小小的气孔。但生姜和洋葱有

“体味”，这些味道渗透进鸡蛋里，会导致鸡蛋变质。

④　面包与饼干

面包松松软软，含有水分。饼干脆脆的，十分干燥。两者放在一起的结果，只能是饼干吸收了面包的水分而变潮，面包则因为丧失了水分而变硬，“两败俱伤”，对谁都没有好处。

⑤　红薯和土豆

尽管都是薯类，红薯和土豆却“性格”迥异。红薯喜温，放在15℃以上的环境中比较合适。土豆喜凉，喜欢0~5℃的气温。两者放在一起，不是土豆由于太热发芽，就是红薯由于太凉而僵了心。

⑥　生肉与熟肉

生肉有腥膻味儿，而且含有细菌，如果跟熟肉混放在一起，会使熟肉窜味儿、变味儿。

⑦　水果和碱

水果和碱不能放在一起，因为碱易发热，会使水果腐烂变质。

⑧　食品和明矾

明矾不能和食品放在一起，明矾中的锑混入食品中会引起中毒。

怎样对付居室里的蚊虫等小动物？

厨房中美食众多，因此容易招来蚂蚁、蚊子、蟑螂等小虫。麻烦的是，这些小虫“招之即来，挥之不去”。用杀虫剂吧，威力虽大，可是小虫的尸体堆成一堆，如果不清理卫生死角，发腐发臭也麻烦。而且杀虫剂含有毒素，在屋里洒得太多对健康有害。

有没有无毒无害，又可以把小虫赶得远远的办法呢？让猫妈来告诉你吧！

怎么驱除蚂蚁？

蚂蚁贪油爱甜。把甜食和含油的食物放在桌上没几分钟，浩浩荡荡的蚂蚁大军就过来啃噬。虽然猫娃觉得蚂蚁们很好玩，但在大人眼中这可是一件大麻烦，必须把蚁群赶走！

●柠檬驱蚂蚁

把新鲜柠檬切成两半，将柠檬汁挤在常有蚂蚁活动的地方，如果能找到蚂蚁爬行的路线，最好沿途涂抹，蚂蚁们就吓得不敢再来了。

●红蚂蚁贪吃油

如果家里有贪油的蚂蚁造访，可以在晚上把所有食物转移到冰箱，然后再把一片肥猪肉放在蚂蚁经常去的地方。等一群蚂蚁围过来吃得正香，拿一杯开水悄悄淋在蚁群上。这样反复几次之后，蚂蚁以后就不会再来了。

● 烤鸡蛋壳灭蚁

把鸡蛋壳放在微火上烤，烤黄后捻碎，对人来说毫无副作用，但对蚂蚁来说却是一剂毒药。把它撒在蚂蚁经常出入之地，蚂蚁吃了就会死。

● 橡皮筋驱蚁

如果不忍心杀害小蚂蚁，可以在爱招蚂蚁的食物边放一些橡皮筋，蚂蚁最怕橡皮筋的味道，闻到橡皮筋味儿就逃走了。

怎么驱除蟑螂？

蟑螂也叫“小强”，繁殖能力超强，如果在一个屋内发现一只蟑螂，那么实际上寄居的绝对就是一窝。而且“小强”无所不吃，面包、糕点、瓜果等荤素杂食通吃，甚至连纸都吃。该怎么驱除这么顽强的“小强”呢？

● 香皂驱除蟑螂

蟑螂怕香，在厨房、衣柜放蟑螂药不妥，可以把香皂切成数小块，溶入清水中，摆放在蟑螂出没的橱柜内，几天后，蟑螂就会被赶得远远的，而且橱柜内还多了许多怡人的香味。

● 黄瓜驱除蟑螂

蟑螂不喜欢黄瓜的味道，如果想在厨房里把蟑螂赶得远远的，可以在蟑螂经常出没的地方放几片黄瓜。

● 衣橱内放除了可放香皂、皂水，还可以放橘子皮、柠檬皮等芸香科植物驱除蟑螂。

怎么驱除蚊子?

夏天蚊虫滋生，叮得人东一个包，西一个包。因为家里有猫娃，猫妈不愿意用蚊香（蚊香有毒，用久了对健康无益），可电蚊香的杀伤力又十分有限，所以她只好用一些“怪异”的办法来驱蚊。

●蒜头驱蚊

蚊子怕辣，在屋内种一盆蒜头，散发出的特殊辛辣味飘散，会把屋子里的蚊子赶得远远的。

●灯下挂葱驱蚊

用纱布包几根葱，挂在灯下，散发出的葱味会有很好的驱蚊效果。

●橘色玻璃纸驱蚊

蚊子害怕橘红色的光线，在室内挂橘色窗帘，在灯罩上罩上橘色玻璃纸，也有很好的驱蚊效果。

●把几粒维生素 C 和维生素 B_2 泡在水中，溶化后把药水抹在皮肤上，蚊子就不会接近。

●此外，在室内养几盆茉莉花、米兰、玫瑰、夜来香等花卉，也有驱蚊作用。

▶ Part 3 居然有招

…… ……

小房间如何装出大空间？

宽大敞亮的房子谁都喜欢。房子大不大，不在面积大小，而在主人会不会装（装，是装修、装饰、装扮啦）。主人懂得装的窍门，小房子就会变大；反之，即便是几百平方米的大房间，看起来也小得很。

80 平方米 PK 95 平方米

两年前，猫妈和她的好姐妹小贾同时在北京买了房，还十分巧合买在了同一个小区。一天，猫妈邀请小贾去她的新居做客。

猫妈家房子朝东，并不是南北通透，但走进一瞧，里面别有洞天，感觉整个空间敞亮又舒适。

“这房子多少平方米啊？”小贾问。

猫妈说：“勉强 80 平方米。”

小贾似信非信，没想到 80 平方米就可以被打造出一个两居室，两室两厅，卧室不小，客厅也蛮大，客厅外还有一个很开阔的阳台。

在猫妈家坐了一会儿，贾小姐已经等不及了，三番五次催猫妈也去她家看看。猫妈想，贾小姐说她家南北通透，而且是 95 平方米，应该会比自己家宽敞许多吧。结果过去一瞧，却感到空间局促，房间虽然有三个，但感觉每个房间都好小，厨房很小，客厅也很窄，感觉还没有自己家宽敞呢。

为什么会这样？

原因很简单，就是猫妈更会“装”，所以，她家 80 平方米的房子看起来显得比贾小姐家的 95 平方米还要宽敞、亮堂。

那么，猫妈究竟用的是怎样一个“装”法呢?

挪墙造空间

房子的结构会大大影响房子的可利用空间。有的人总觉得空间不够用，不是面积小，而是零零碎碎的小空间太多，无法整合到一起。在这种情况下，大胆使用“挪墙术”，可以有效拓展空间。

猫妈大胆使用了“挪墙术”，在进门的玄关处动了手脚，把原先的墙凿去，往隔壁浴室方向推进了半米的距离，并在那里安装了一个存放衣帽的壁柜。这么一来，玄关处更加宽敞了，而且还节约了衣帽柜占用的面积，一举两得。

●挪墙术

① 挪墙术，其实就是通过把墙往前或往后挪一挪，把原先零零碎碎的小空间整合到一起，或让原本不可用的空间产生有效的利用价值。

② 不过，并非什么墙都可以挪。凿墙的时候一定要看准了再凿。承重墙是绝对挪移不得的。如果把承重墙挪了，那么房子也该挪了。

拆墙造空间

“拆墙造空间”比挪墙造空间更有效。

如果哪个地方横着一堵墙让你觉得碍手碍脚，那就干脆将它拆掉，或者把它换成玻璃墙、立柜等其他遮挡物。

猫妈是这样“拆墙造空间”的：她拆去厨房和饭厅之间的墙，使厨房与客厅连为一体，成为开放式厨房。为防止油烟四窜，猫妈在饭厅和客厅之间隔了一道轻型透明玻璃墙。这么一来，厨房还是厨房，油烟不会四处乱窜；没了墙体遮挡，客厅面积看起来会比原先大许多。另外，从厨房小窗透进来的光线也会全部洒进客厅，使客厅更加敞亮。

●拆墙术

① 拆墙术，就是把不必存在，或不合理的墙体拆掉。墙体会占据较大空间，拆掉多余的墙，可以整合空间，使房子显得更大更宽敞，如打通厨房与客厅之间的墙，使厨、厅合为一体；打通阳台与厨房之间的墙，扩大厨房空间；打通阳台与房间之间的墙，把小卧室改造成大卧室等。

② 用实体墙做阻隔占空间、不灵动。若采用帷帐、屏风、玻璃墙、多宝柜等来替代，既能满足分隔的需求，又显得雅致、气派，还有透光、能摆设物件等诸多好处，一物多用，既时尚又实用。

隔板拓空间

在家居设计中，隔板越来越受青睐。一道道隔板对房间来说不仅是很好的装饰，且能搁置不少东西，比笨重、庞大的柜子节省空间多了。

猫妈家空间小，于是她巧用了用隔板当柜子的妙招。

在厨房墙上装了几块隔板来搁置碗碟、调料等厨房用具。在洗手间用隔板来搁置洗浴用品。在客厅用隔板替代书架、杂货架、酒架。在卧室也装了隔板来摆放各种小物件。

由于猫妈的用心设计和合理安排，那些形状、色彩各异的隔板与房子的整体设计相得益彰，看起来十分漂亮。在这些隔板上，有的搁置着各式小摆件、花瓶、绿植，有的摆放着红酒、CD或几本精美的书，看起来十分雅致、有格调。有了这些隔板，家里就不需要那么多占用空间的大小橱柜了，空间自然就大了许多。

●隔板术

① 在墙上安装隔板，设计隔板的位置、大小、形状时，都得考虑整体空间的布局，否则会影响房间里其他家具的摆放，反而弄巧成拙，浪费空间。

② 隔板的款式、色彩风格，要与整体家装风格相一致，否则会显得不伦不类、扎眼、多余。

③ 不宜选择色彩太暗的隔板，暗色吸光，导致空间不宽敞、不明亮。

④ 隔板的多少应以实际需求为准，并非越多越好，毕竟很多东西不宜摆放在隔板上。如果隔板太多，会显得房间太乱，而且空着的隔板上落了尘土，会加大清理难度。

壁镜拓展空间

为了使空间在视觉上显得更宽敞，还可以在客厅的墙上安装一面壁镜。壁镜不但可以反光，使室内显得更为明亮，而且会造成墙里头还有一个房间的错觉，空间看起来会比真实的大很多。

猫妈家的壁镜装在次卧与客厅隔开的那堵墙上，镜子不大，但看起来好似一扇门，正好可以由此走进另一个房间，别有趣味。

●壁镜

① 壁镜宜安装在没有门窗的墙上，且最好正对进入客厅的方向。这么一来，人们一进客厅就可以见到，觉得客厅面积是原先的两倍大。

② 壁镜不宜正对窗户，否则阳光照耀进来，镜面会反射出强烈的光，使室内光线因为过于强烈而显得刺眼、晃眼。

③ 太大的镜面不易安装，易脱落，可以用一片一片小镜面组合而成。

④ 如果选择大镜面，则镜面底部边框高度不宜低于 70 厘米，以免妨碍了沙发、组合柜等家具的摆放。

巧用白颜色

白色与黑色一样，永远是经典色。以白色为主来装修的房子简洁大方，具有很好的反光效果，可以使有限的空间显得更开阔，更明亮。

猫妈家的装饰风格是白墙、白色吊顶、白色门窗，灯罩也是白色的。墙上的隔板除了部分为绿色、橘黄等提色的亮色，其余也是非黑即白。这样的装饰，再配上浅色地板，使整个房间格外明亮、清新。

●巧用白色

① 白色是百搭色。在经典白色的布景下，别忘了给房间点缀一些红色、绿色等亮色的东西。否则，一味的黑白搭配会显得室内气氛老气、沉郁，不够活泼。

② 白色、浅色不耐脏，因此，厨房和洗手间的地砖最好不要用白色的。

巧用露台和飘窗

如果你家不需要太多阳台，可以把露台封上，装上透明玻璃墙，或干脆用墙体封死。这样，原本看起来在“外”的露台，如今被“内”化，室内空间更紧凑，也会显得更大些。

另外，飘窗的作用不可小觑。飘窗不是窗台，也不是只可用来养花养草的。在飘窗上安一个小书架，放一张席子和一个小茶几，旁边再点缀几盆花草，就会成为一个雅致的小书房，闲了还可以在这里下棋、看书、喝茶，正是对小空间极好的扩展利用。

小房间怎么配出大空间？

主人会“装”，原先的小空间就可以有所拓展，变成大空间。而如果主人会“配”，那么空间变大的屋子还可以显得更大。这里的“配”，是装配，即家具的装配。看看猫妈是怎么把小空间配出大空间的吧。

小家具突显大空间

一个苹果跟西瓜摆在一起显得格外小，但与樱桃放在一起，则会显得很大。大与小，很多时候都是比出来的。要想空间显得更大，那么屋里的家具最好小巧一些。

猫妈家用的皆是小而美的低背沙发，小而美的橱柜，小而美的冰箱、洗衣机，小而美的电视、电视柜……样样都显得精致小巧。虽然屋子里东西不少，却没有满满当当装不下的感觉，这就是小家具带来的好处。

其实，买小一点儿的家具、家电，也完全够用。两米宽的客厅墙上非要挂一台 40 英寸的液晶电视，四五平方米的小厨房里非要放一台两米高的大个头冰箱，真是大而无当。

贾小姐家的住房面积明明比猫妈家大 15 平方米，看起来却显得十分拥挤，问题就出在这里——她觉得室内空间大，所以买橱柜、买冰箱、买电视、买沙发什么都买大号的，结果整个空间给人的感觉很拥挤、很局促，远不如人家的 80 平方米感觉宽敞、通透。

●电视尺寸与对应客厅宽度

选购多大尺寸的电视，与客厅大小息息相关。客厅窄，电视屏幕大，会对视觉造成强烈冲击，看久了容易疲劳，会造成眼睛不适。如果客厅很宽敞，电视太小，则会显得小气，看电视的效果也不会太好。那么，该如何选购电视尺寸，才能达到最佳的视觉效果呢?

① 客厅宽 2~2.5 米，以 32 寸电视为宜。

② 客厅宽 2.5~3 米，以 37 寸电视为宜。

③ 客厅宽 3~3.5 米，以 40 寸、42 寸电视为宜。

④ 客厅宽 3.5~4 米，以 47 寸大小的电视为宜，以此类推。

巧用变形“活动”家具

有些房屋设计不甚完美，这里突出一个三角形，那里又有一个圆拐角，使用常规家具会白白浪费不少空间。既然房子结构已无法改变，不如就选择变形家具来弥补这一缺陷吧。

●如何选择变形家具?

① 根据房屋大小和形状来定制或选购不规则的家具，不但可充分利用空间，还可把房间布置得别有一番新意。

② 定制的大衣柜、组合柜体积庞大，而且笨重又呆板。如果房间空间不大，你又喜欢挪腾家具，不如购买可变形、可活动的家具。它们可折叠、推拉、变形等，可随时按照你的心意来调整房间布局，还能有效节省空间。

用好角落

不管是房间、阳台、客厅还是厨房，多多少少都会有边缘角落没有被充分利用的情况。一些太过于边缘或太小的角落，无法放置整件家具。这时，也不要白白浪费空间，可以在角落搁置几个大小合适的小摆柜、角柜，用来搁放一些杂物。用得好，不但能节约空间，还能营造气氛。

用好高空

城市里土地资源有限，所以房屋越建越高。屋子里的使用空间有限，我们也可以往上发展。用好高空，是拓展室内空间的一个好办法。

猫妈可以说是“高空作业”能手。

客厅里，几盘吊兰被摆在高高的搁架上，一盆绿萝从靠近墙边的天花板上高高垂挂下来。风一吹，风铃叮当，绿叶拂动，整个空间充满了绿意和浪漫气息。但吊兰和绿萝身居“空中楼阁”，一点儿也不占地。

厨房里，猫妈在摆放洗衣机的墙角上空做了一个壁柜，壁柜顶部直通天花板。这样，洗衣机上空的空间得到了充分利用。一个 1 米高、1 米宽的壁柜可以搁置不少东西，相当于为厨房拓宽了 1 平方米的空间。

猫妈家的主卧不到20平方米，按理说一点儿也不大。可房间里写字台、藤椅、床头柜、大衣柜、懒人沙发一样也不缺，卧室中央竟然还放了一张大圆床。如果没有40 平方米大的空间，我可不敢这么布置。可猫妈做到了，她是怎么做的呢?

大衣柜是不规则的倒“U”形的，从地板通到天花板。倒“U”形衣柜的两边用隔板分成几层，空间有高有底，高的用来挂衣服，低的用来摆放折叠的衣物。倒“U”形衣柜顶部是一排方格柜，由于位置高，不易存取，因此用来存放被褥、席子等不常换用的东西。倒“U”形衣柜顶部下方有一片两米高的空间，正好放了一张与倒“U”柜连成一体的带书柜写字台——这样，整个空间被利用得十分充分。

再看房间里那张大圆床，虽说是圆床，底下却是可以掀开当储物柜用的。空间巨大，还空着。猫妈说，要给房间留一点儿余地，因为居家过日子，东西总会越来越多，如果现在哪里都装得满满当当，恐怕将来就要不够用了。

猫妈家房子不大，却可以装下这么多东西，屋子看起来还那么宽敞，诀窍就在于她很会利用和布置空间，能把上上下下、边边角角的空间都拼凑、整合起来，用得一点儿也不浪费。

小房间怎样『整』出大空间？

想要把小空间变成大空间，主妇必须知道的另一个招数是“整”。整，也就是整理、收纳。把“乱杂”整理为“整齐”，把各种“多余”清理为只剩“必需”，就可以节约很多空间，小空间也就变大了。

怎样收纳才整齐？

猫妈的一个邻居是个理家菜鸟，家里的物件被随处乱放，也没有把用过的东西放回原处的好习惯，因此每到用时就东翻西找半天，而且一大堆杂七杂八的东西堆放在房间不加整理，使得房间看起来又乱又小。

如果你深感自己也是这样的理家菜鸟，绝对有必要跟猫妈来学习一下。

●第一整理术：分门别类，让物件各得其所

没有规矩，不成方圆。家里什物的摆放、收纳也要有章可循。分门别类收纳，从哪里取，用完放回哪里，用时才不至于翻箱倒柜，把自己急得团团转。

（1）厨房的收纳

厨房里的东西一般可分为四大类：食物，餐具，炊具，洁具。

① 食物

主食类：把大米、面粉、玉米粉等谷物类放在一起，并放在通风、干燥的地方。

干菜：将海带干、霉干菜、鱼干等收纳在袋子里或储物瓶里，然后放在一起，放在通风、干燥的地方。

调料：将油、盐、酱油、花椒粉、辣椒等放在一起，建议放在方便拿取的位置。

蔬菜：将各种蔬菜放在一起。不同的蔬菜用塑料袋隔开，易腐烂、多汁水的放在底层，以防腐烂后污染别的食物。

干货：大枣、枸杞、人参、茶叶等虽也属于干货，但不宜跟干菜、调料等放在一起，应该单独放在通风、干燥、无油烟、无异味的地方，最好是橱柜的上层。

② 餐具

碗碟。将碗碟杯盏等盛放东西的容具收纳在一起。

筷子。将筷子、勺子放在一起。

汤勺、将铲子、漏勺等放在筷子等餐具附近。

刀具。将菜刀、水果刀、水果刨单独放置，不宜放得太高，应放在方便拿取，但儿童接触不到的地方。

砧板。将砧板立在通风的地方，或挂在墙壁上。

③ 炊具

电炊具。电饭锅、电力高压锅、电磁炉等电器使用起来方便、清洁，一般无油烟污染，常用的几个放在外面即可。平时很少用的建议收在原包装盒里，搁置在专门的储蓄柜中。

对于铁锅、砂锅、平底锅等日用炊具，建议底朝上放在便于拿取的搁架上。

蒸笼、蒸屉、蒸布、擀面杖等与做面食有关的炊具，适宜放在干燥、通风处，单独存放。

④ 洁具

清洁球、抹布、洗洁精、小苏打粉等适宜单独存放，不要与食物、餐具放在一处，可放在水池角落，也可挂在通风、便于寻找的地方。

（2）房间的收纳

一般，房间里的东西主要有衣物、寝具、首饰、钱物及一些重要私人物品几大类。

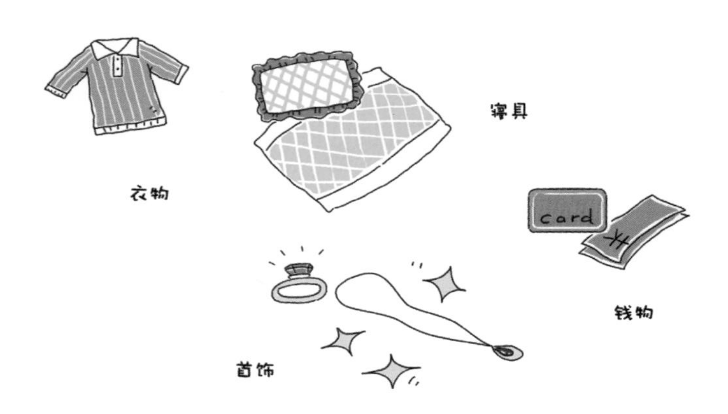

① 衣物

外衣

将外衣统一收纳在大衣柜里，可按季节分（如冬衣、夏衣、春秋衣），可按用途分（如正式套装、便衣、居家服），可按质料分（如毛衣、纯棉、丝绸、化纤等）。根据自己的穿衣习惯，把不同类型的衣服分类存放在收纳箱或收纳袋里，然后按一定顺序放置在大衣柜里，这样就可以及时找到想要的衣服。最好将最常穿的衣物放在最便于拿取的位置。

内衣

内衣数量有限，占空间又小，适宜选衣柜中一个位置较靠上的抽屉单独存放内衣。

帽子、围巾、领带

帽子怕压，可单独存放，围巾、领带按冬用、夏用分开，可与帽子放在一处。

袜子

袜子、手套、鞋垫、连裤袜等可以放在同一个抽屉，然后用透明板隔开。

鞋子

应急、常穿的鞋子适宜放在鞋架上。不常穿的鞋子则应洗净后收藏在鞋柜里，按冬用、夏用分好类。

配饰

胸针、胸花、毛衣链、腰带等衣服配饰可单独放在一起。

② 寝具

被子、毛毯、枕头等，平时不经常更换，可放在大衣柜的高处。

被套、床单、枕套等，差不多一个月左右换洗一次，可放在较高位置。

靠垫、坐垫、抱枕等，可以找一个角落收纳。

③ 首饰

不常用的戒指、项链、手镯等贵重首饰应收在专门的首饰盒里，小心存放起来。放置贵重饰品的抽屉、柜子最好带锁。

头花、发卡、耳钉、普通手链等不太贵重的装饰品，可挂在专门的首饰架上，便于拿取。

④ 银行存折、保险单、重要文件等应小心存放在隐秘、安全处。

⑤ 电子产品

电脑、相机、摄影机、DV、话筒等电子产品及其充电器、电源线等一起收纳好，放在一个专门的收纳箱或橱柜中，位置最好高一点儿，防晒防潮，不要让孩子拿到，以免破损。

（3）客厅的收纳

摆放在客厅的物件多为摆设、装饰及公用品，分散杂乱，不好好归置，恐怕就会“货满为患”。因此，在布置客厅的时候，一定要讲究技巧，这样才能让各种东西各得其所，不但摆得整齐、漂亮，还能大大节省空间。

●可变形的储物柜

整体储物柜又大又笨重，东西少时装不满，白白浪费空间，东西多时装不下。不过，客厅里摆放由一个个方形储物柜组建起来的储蓄柜，不但形式、颜色可以根据自己的心愿搭配，而且东西少时可少买几个。等东西增多时再增添几个，十分灵活、便利。

●抽屉

易碎的器皿、用具（如玻璃制品、陶瓷制品），有毒物品，易伤到人的器具（如刀具、钻头、锤子等），儿童误食、误用会出危险的物品（药品、垃圾袋、香料等），以及暴露在外影响整洁、美观的物品（如暂时用不上，

但尚可废物利用）等，都适宜分门别类收纳好，然后装进抽屉里封锁起来。

●艺术小摆柜

客厅墙角、柜台边角一些不规则小空间可以放置一些大小合适的艺术小摆柜。不但可以美化空间，还可以扩大储存、搁置物件的空间。

●收纳袋

一些小而零散的杂物分开摆放占地，还不美观。最好的办法就是将它们归好类，如文具类、刷洗类、铁器螺丝零件类、针线纽扣布等，分别用收纳袋或收纳箱装好，然后再摆放在储蓄柜或抽屉里，用完之后再放回原处。这么一来，不但拿取方便，空间也会显得整洁、美观。

●客厅收纳技巧

① 紧凑

摆放各种家具的时候，尽量紧凑一些，就可以减少被浪费的七零八落的空间。

② 多功能家具

选购多功能家具，如可以当储物柜的沙发凳、带书架的写字台、带穿衣镜的储物柜等，一物多用，可节省空间。

③ 大显微隐

“大显微隐”，就是把大件物品摆出来，把小东西收起来。在搁架、储物柜、桌面上摆放一件大物品会显得挺整齐，可如果摆满小物品，则会显得杂乱无章，很拥挤。

④ 能收会藏

能收，就是把平时不常用的东西收在包装盒里放好，外观整齐，便于叠放。

会藏，就是把长雨伞、三脚架、晾衣竿，以及不用的缆线、钢丝、皮管等不好看又不好收的东西搁置在看不见的角落藏起来，既节省空间，又不至于看起来扎眼。

⑤ 充分利用隔板

养几盆绿萝、吊兰等，放在隔板上，既不占空间，又能点缀绿意、净化空气，给房间增添温馨的气氛。

一些外形美观的物品不是摆件，也可当摆件陈列在隔板上，如书籍，闲置不用的杯子、瓶子，包装规整、不易打碎的美食、红酒等，不但拿取方便，还能起到装饰、美化客厅的作用。

⑥ 小而万能的杂物袋

生活中各种小杂物，如针线、指甲刀、棉签、剪刀等，因为经常用到，不必一一单独收放起来。为它们单独准备一个杂物筐或杂物袋，放在最便利、触手可及的地方，用完之后直接放回原处，既省时省力又省空间。

●浴室的收纳

日用化妆品、牙杯、牙膏、毛巾、刷子等洗漱、洗浴用品，理所当然应该被归置于浴室（或单独的洗脸台）中。

化妆品、洗漱用品、洗衣用品应分开放。

牙杯应放置在通风的较高处，避开喷头。

毛巾要晾起来，挂在通风的地方。

清理占地盘的“奢侈品”

为什么有些人住大房子还总觉得拥挤？不是房子不够宽敞，而是家中的“奢侈品”太多。判断一件物品是不是“奢侈品”，与它的价格高低无关，而得看它是否有用。所有无用的物品都是“奢侈品”。要想拥有大空间，就要把“奢侈品”扫地出门！

●扔

人们总是这样，买一件东西很容易，要丢掉一件东西却难。哪怕明知无用，也总是舍不得。比如，一些旧衣服、旧笔记本、破旧家具，送人无人要，想卖又卖不出去，扔掉又觉得可惜，于是便留在家里占用储物空间，把一些真正有用的好东西反倒逼得无处可去。

要想拥有大空间，就必须狠下心，该扔的就扔，一定不要手软。

●卖

不是万不得已，能不扔的东西还是尽量别扔。一些尚有价值，却用不上的旧物，如婴儿玩具、被淘汰的旧家具、损坏的旧电器等，不妨拿去一些专门的以旧换新店铺更换，或者拍个照，挂在跳蚤市场上交易，或卖给专门回收旧家具、旧家电的人，说不定还能卖个好价钱。

●送

没时间卖，或实在卖不出价，又着实觉得扔掉可惜，不妨留意一下身边是否有需要的人。

婴儿用品（如婴儿床、学步车、婴儿服等）可以送给家人、朋友中的有这方面需要的准爸爸、准妈妈，或小爸爸、小妈妈。

旧书可以捐给附近学校，及送给喜欢阅读的孩子们（不认识的也可以送啊，积功德嘛）。

一些半新不旧但不想再用的干净衣服、寝具、文具、电脑等，可以寄给偏远山区有需要的贫困学生。总之，只要你有心留意，总会找到为旧物安新家的途径。

●旧物 DIY

当然，对待不需要的“奢侈品”也不必一味“驱逐”。留几件派得上用场的、好看的、有意思的、可改造的，自己动手来制作一些或实用或美观的小东西，不但赋予了这些旧物以新的生命意义，同时还会给自己的生活增添不少情趣与乐趣。

怎样清洁居室最有效？

住大房子，最麻烦的一件事就是清洁卫生。怎么除各种异味儿？怎么保养地板？怎么保持床垫干爽？怎么保持室内空气清新？听猫妈一件一件来说吧。

怎样去除室内异味儿？

新装修的房子、新买的家具会释放甲醛，家人爱抽烟，居室还会飘荡一股难以散尽的烟味。不管什么味，只要对人体有害就该立即去除。除了通风换气，我们还应积极采取一些去异味儿的有效措施。

● 醋水擦洗除油漆味

新买的家具，用布蘸醋将其全面擦洗一遍，油漆中的一些有害物质可溶于醋水中，难闻的异味儿会立即减小不少。

● 醋水吸漆味

大开窗门，且将家具门打开，在室内或橱柜内放一盆醋水，室内的残留异味可缓慢被吸收、消除。

● 菠萝吸味

菠萝属于粗纤维水果，将其剖开两半放在房间内，一方面可吸走有害、有毒异味儿，一方面还可散发出香甜的清香。

● 柠檬水擦洗除味

柠檬也有去异味的妙用。用柠檬水浸泡过的棉球擦木器家具，或将柠檬水放置在有异味儿的橱柜、冰箱内，可以去除异味儿，并散发出柠檬的清香。

●去味清洁剂去异味

最高效、简便的方法就是直接使用去味清洁剂，将其喷洒在异味源上，或用它来擦洗有异味儿的家具、器皿，连续使用几天后可除异味儿。

●茶水、盐水去异味

先用茶水擦一遍木器家具，并在房内放两盆盐水，可加快消除油漆味儿的。

●活性炭吸取甲醛

活性炭可以吸附有害气体和异味儿，每个房间放两三盘活性炭，每盘 100 克左右，可吸收甲醛等有害气体，净化空气。

●植物净化空气

仙人掌、吊兰、常青藤、芦荟等都具有吸收甲醛、净化空气的作用，在室内种植几盆这样的绿植，不但可以辅助净化空气，还可起到美化的效果。

●香水驱除怪味

室内有怪味儿时，可以在灯泡上滴几滴香水或花露水，香味儿很快就会在室内弥漫开来。

●带醋湿毛巾吸附烟味

室内有烟味儿时，可以用蘸了稀释食醋的毛巾稍稍拧干后，在空中轻甩几下，或用喷雾器在室内喷洒一些稀释的醋溶液，烟味马上就消失了。

怎样去除布垫的霉味儿？

床垫、沙发垫等垫子又大又沉，无法拆开清洗，发霉、受潮后该怎么办呢？

●床垫久置容易发潮、发霉，并产生异味儿。找个好天气，将床垫上的塑料膜撕掉，并在上面喷一些花露水，然后放在太阳下好好晒，两面都要晒。阳光和易挥发的花露水会带走异味儿和水汽。连续晒上一周左右，霉味儿、潮味儿即可清除。

●如果遇上梅雨季终日见不到太阳，不妨用吹风机吹一吹床垫，冷却后在床垫内撒一些活性炭，并开窗通风，有助于减轻床垫的潮气和霉味儿。

●发霉的床垫很可能繁衍细菌。晾晒床垫、沙发垫时，在上面喷一些稀释的白醋或酒精，有消毒、杀菌作用。

怎样去除厕所的异味儿？

洗手间每天都要如厕，又通着下水管道，久了难免会有臭味。不过，臭味的主要成分是便便释放出来的氨气。在厕所放一杯香醋，醋能吸收氨气，每周更换一次，臭气可除。

怎样清洁“花”墙?

白墙经典百搭，可也最不耐脏，一不小心就会沾上手印等污痕，或会被家中小朋友涂鸦成“花”墙，雨季一来还容易发霉、长斑。那么，怎样才能重新使“花”墙变为白墙呢?

●油漆或粉刷的白墙，沾上污迹后，可用橡皮擦轻轻擦去上面的污渍。

●墙纸粘上了污迹，可用毛巾蘸一些清洁液拧干后轻擦。

●墙上被画上蜡笔时，可用布遮住污渍，用熨斗熨烫一下，然后趁蜡笔油遇热熔化，迅速将污垢擦净。

●白墙遇潮长霉斑，用漂白水喷墙，霉斑很快就会去无踪。

怎样清洁地板上的污渍?

●沾上茶水、冰激凌、油脂、啤酒，在地板上撒一些小苏打擦洗，再用净布擦干即可。

●沾上铁锈、灰浆等沉淀物，在污渍处滴几滴稀盐酸，几分钟后擦拭就可以清楚。

●沾上油漆、绘图笔的油、墨水，涂抹一些牙膏就可以去污。

●沾上口香糖，在污渍上滴几滴橘子水，或食用油，浸泡一段时间后就可以擦出。

●沾上透明胶，千万不要用小刀刮，抹一些护手霜，然后用干布或干海绵擦去即可。也可以用橡皮擦擦拭。

怎样清洁脏地毯？

●地毯上落尘或掉了食物渣，用吸尘器把垃圾吸走即可。

●地毯上沾了狗毛、猫毛及宠物身上的异味，先用软刷子顺着地毯毛的方向轻刷，再用毛巾蘸一些苏打水轻擦，然后放在通风处晾干即可。

●不小心将咖啡、红酒等洒在了地毯上，可先用干布或面巾纸将液体吸干，然后在污渍上喷洒一些白酒与酒精等量勾兑的溶液，用干布轻轻拍拭，就可以去除污渍。

●不小心将口香糖粘在了地毯上，可用塑料袋包一块冰放在口香糖上，等口香糖变硬后小心除掉它，再用软刷子轻刷残留部分。

●地毯干洗：将面粉、精盐、石膏粉按 6∶1∶1 的比例兑好，用水搅成糊状，加温冷却后，将干硬的混合物压成碎块，撒在地毯上，用硬刷使之在地毯上滚动，直到滚成粉状。最后用吸尘器吸走粉尘，脏地毯就会变干净。

怎样清洁地板上的污渍?

高处的灰尘、缝隙里的灰尘，犄角旮旯处的灰尘都不易除，清除这些灰尘还需要应用一些小诀窍。

●高处的灰尘

高处的灰尘，如果用干布或鸡毛掸擦，会把灰尘擦得满屋子纷纷扬扬，吸入口鼻很不好。在清理橱柜顶部、冰箱顶部等高处的灰尘时，可先在上面洒一些精盐。盐可吸附尘埃，并能抑制尘土飞扬。然后再用干布、鸡毛掸等工具来清除灰尘。

●缝隙里的灰尘

电器散热口的缝隙、家庭暖气片的缝隙等处灰尘，很难用抹布擦净。因此，我们不妨改用另一件工具——毛笔来除尘。笔毛细软纤长，正好可以伸进那些狭小的缝隙掸扫灰尘。

●布艺制品上的灰尘

如果直接拍打沙发、床垫等布艺制品上的灰尘，灰尘会跑得满屋都是。正确的做法应该是拿一块湿布或湿毛巾，拧干后铺在上面，然后再拍打，这样灰尘就会粘在湿布上。另外，也可以用湿布或湿毛巾抽打。

●纱窗除尘

纱窗爱积灰尘，每次拆下清洗很麻烦。其实，要清除纱窗上的灰尘，只需要几张旧报纸就行：先将报纸用抹布打湿（不要太湿），然后再将报纸粘在纱窗上，五分钟后取下报纸，灰尘就都被报纸吸附了，十分省时省力。

► Part 4 居家功夫

……

怎样随时随地 DIY 做美容？

女人都爱美，可爱美需要付出各种代价。再好的化妆品也会损害皮肤，再高级的减肥药也会有损健康，去美容院做 SPA 也许有益，可是耗费金钱。美真就这么来之不易吗？

不，对会生活的猫妈来说，美，却是唾手可得之物。

DIY 纯天然美白、补水面膜

干巴巴的皮肤爱起皱纹，水灵灵的皮肤才会细嫩。从植物中提炼出补水、滋养精华，自制一份养颜面膜，是送给皮肤的最健康礼物。

●丝瓜汁滋养皮肤

① 取一根新鲜丝瓜，洗净后去皮切碎，用纱布包好，挤出汁液。

② 将丝瓜汁和等量酒精、蜂蜜混合搅拌均匀。

③ 每晚睡前，用棉球蘸取自制丝瓜汁敷在脸上，20 分钟后用清水洗净。

坚持一个月以上，不但可以滋润、美白，还可祛斑。

●黄瓜薄片敷面美白

① 把洗净的黄瓜切成薄薄的一片一片，然后贴在清洁后的脸上。事先把黄瓜放进冰箱里冷藏一会儿再使用效果更佳。

② 躺着静等黄瓜片变干，然后将其一片片揭下来，无须洗脸，直接抹上乳液和精华就可以了。

●黄瓜 + 酸奶亮白眼膜

① 把干净的黄瓜切成碎末，与适量酸奶、绿茶混在一起，装入袋中，放进冰箱里冷藏 5 分钟。

② 取出凉冰冰的绿茶袋，用它来敷眼，10 分钟后取下。

坚持一段时间，会使眼部周围皮肤亮白，可祛除黑眼圈。

●香蕉 + 牛奶美白皮肤

① 把香蕉捣成泥，和适量牛奶（或酸奶）混合搅匀，制成糊状面膜。

② 把“香蕉 + 牛奶面膜”均匀敷在脸上，15 分钟后用温水冲洗干净即可。

●苹果 + 蛋黄、蜂蜜、面粉美白

① 将 1/4 个苹果捣成泥，与适量蛋黄、蜂蜜、面粉和在一起，制成糊状面膜。

② 将自制面膜均匀涂抹在脸上，苹果美白，蜂蜜补水，蛋黄紧致皮肤。

③ 15分钟后用温水洁面。不断坚持，拥有嫩白细腻且富有光泽的皮肤指日可待。

●西红柿＋蜂蜜嫩白面膜，抗油性肤质

① 将半个西红柿洗净后去皮榨汁。

② 在榨好的西红柿汁中调入少量蜂蜜（一般按5:1的比例就可以啦，如果皮肤很干燥，蜂蜜可以再多加一点儿）。

③ 睡前净脸，用棉棒蘸着自制的“西红柿蜂蜜面膜”抹在脸上，涂抹均匀，覆上面膜纸。

④ 15分钟后，把面膜洗净。隔天做一次，或每周做2~3次，就会有很好的嫩白效果。

●豆腐＋蜂蜜补水美白

① 取一块豆腐（越嫩越好，最好是豆花），将其捣碎，与蜂蜜充分搅拌均匀，然后在里面撒入一些面粉，搅成糊状。

② 将自制豆腐面膜敷在脸上，半小时后洁面即可。适合在干燥的秋冬两季使用。

●西瓜皮美白

夏天，吃了西瓜后将西瓜皮留下来，因为西瓜皮是很好的美白、防晒食物。用西瓜皮敷脸、按摩脸，或用冰镇后的西瓜皮擦脸，都有很好的美白、晒后修复作用。

纯天然补水美白法使用小贴士

美白滋养皮肤最健康，也最安全的精华，都来自于天然植物。我们日常所见的植物，如芦荟、土豆、苦瓜、鲜奶、白醋、柠檬等，用好了都有美白、美肤的功效。用芦荟汁扑在脸上，用土豆片、苦瓜片敷脸，用鲜奶、白醋、柠檬水、白萝卜汁等洗脸，都可以使皮肤美白、补水，而且操作十分简便。

不过，脸上的皮肤很娇嫩，使用自制美肤用品的时候，一定要科学，并注意卫生，过期的、被污染的、不洁净的用品一定不要涂抹在脸上。而且，皮肤需要什么，就给它补什么，如果不顾皮肤的真实需要乱用面膜，可能会适得其反，反而破坏皮肤的平衡，使皮肤变得更差。

DIY 纯天然祛皱面膜

女人过了25岁，眼角、眉梢会慢慢爬上皱纹。长皱纹，是皮肤干燥、变老，失去弹性所致。要想祛皱，除了给皮肤补水，还要增加皮肤弹性，祛除脸上的角质。

●橘子补水、抗干、去角质面膜

① 将一个橘子挤出橘子汁，与一小勺海藻粉搅拌在一起，制成面膜。

② 将橘子面膜均匀抹在脸上，15 分钟后洗净。长期坚持，可以使皮肤变得湿润、白皙且富有弹性。

●香蕉 + 橄榄油祛皱

① 取一根香蕉，将其捣成泥，与一小勺橄榄油混合充分搅匀。

② 将自制的面膜抹在脸上，20 分钟后洗净，有很好的祛皱效果。

●木瓜 + 薄荷祛皱

① 取几小块木瓜和几片薄荷放入热水中浸泡。

② 15 分钟后，用棉棒蘸取晾凉的木瓜薄荷汁涂抹在有细纹的地方，可以祛皱。涂抹在眼睛周围，还有缓解眼睛疲劳、减少眼袋的效果。

DIY 纯天然除痘面膜

脸部油脂分泌过多、脸部清洁不够、内分泌失调等原因，是脸上长痘的元凶。内分泌失调引起的脸部起痘还得内调，不过辅以外在的祛痘法，可更快消灭痘痘。如果是浅层外部因素引起的起痘，只要对症下药，用祛痘面膜就可成功祛痘。

●胡萝卜泥祛痘

把胡萝卜捣成泥敷在脸上，隔日一敷，敷 15 分钟后洗去，有除痘、化斑、治疗暗疮的功效。

● 白菜帮祛痘

取 3 片白菜叶，洗干净，摊在砧板上，然后用干净的酒瓶将白菜帮碾成糊状。将其贴在脸上，可以消炎、祛痘。可谓是最易得、最廉价的祛痘法。

●鱼腥草祛痘

比起芷白、重楼、丹参等名贵中药材，鱼腥草的获得要容易许多。取一把鱼腥草，将其洗干净后榨成汁液抹脸，每天 1~2 次，有消炎、祛痘的功效。

DIY 纯天然祛斑面膜

雀斑、黄褐斑、晒斑、妊娠斑等是由遗传、内分泌原因、紫外线等各种原因引起的黑色素沉淀导致的。为了使脸蛋“洁白无瑕”，就要抵制和消除皮肤下已经生成的黑色素。有什么办法呢?

●绿茶祛斑

① 每天早晚洗脸时在洗脸水中倒入一杯泡开的绿茶。坚持用绿茶水洗脸，可以有效淡化脸上的斑痕。不过，敏感皮肤一定要慎用哦。

② 用一小勺绿茶粉、一个蛋黄和一小勺面粉搅和在一起做成绿茶面膜，均匀敷在脸上，15 分钟后洗净，也同样有不错的祛斑效果。

●金盏花叶汁祛斑

金盏花叶也是祛斑能手。取一些新鲜金盏花叶，将其洗净、捣烂敷在脸上，有很好的祛斑效果。

●冬瓜藤水祛斑

取一些新鲜冬瓜藤，将其洗净后放入沸水中熬。待冬瓜藤水冷却后再拿来洗脸、敷脸，也有一定的祛斑功效。

●熟米饭祛斑

米饭也可以祛斑？实在是闻所未闻。而事实是，在新做好的米饭中挑一些柔软的揉成一个小饭团，把它放在面部轻揉，渐渐地，饭团会回吸走脸上的黑色素、污垢和油腻成分而变脏，但你的皮肤却因此而更白皙了。用饭团按摩完皮肤，再用清水冲洗，不但能祛斑，还能减少皱纹。

怎样吃出美丽？

与外力相比，内在的保养显得尤为重要。在美容上，“吃”比“敷”重要。吃对了，无声无息就可以把皱纹、褐斑、角质等通通“吃掉”，而且效果持久，何乐而不为呢？

●生活中，这些食物要多吃

① 卷心菜、花菜、花生油、香蕉、牛奶及谷类等食物。

这些食物富含维生素 E，能抑制黑色素生成，防止黑色素沉着，有利于美白。

② 猕猴桃、草莓、西红柿、橘子、苹果、柠檬、木瓜等瓜果。

这些水果、蔬菜含有大量的维生素C，能有效美白，有助于黑色素还原。

●这些食物要慎吃

芹菜、香菜、白萝卜等属于“感光”蔬菜，容易使皮肤出现黑色素。在夏季及户外活动频繁的时候，尽量少吃这类蔬菜。

怎样保持头发乌黑浓密？

美发是美容不可或缺的一个步骤，可很多人却被脱发、头发稀少、头发干枯分叉、头屑多、白发滋生等麻烦困扰着。怎样才能排除困扰，得到一头乌黑浓密的靓发呢？

●外用

① 醋洗头发

洗发时，先将头发打湿，再将适量醋倒在掌心，抹在发梢轻轻按摩，然后用梳子轻轻梳理，使醋充分接触到头皮。

由于醋有杀菌作用，而且富含营养，用醋洗头，可以减少头皮屑、减轻头发干枯的症状，还可以促进头发的生长。

② 姜汁洗头

姜，属温性，具有养血、散热的功效。将生姜捣成泥，挤出姜汁来按摩头皮，或者将老姜放在水中沸煮，用煮好的姜汤来洗头，可以促进头皮血液循环，使头发长得

更加茂盛。

③　淘米水洗头

淘完米之后，将淘米储存在一个大盆里，放在避光和温暖的地方。三四天后，淘米水会发酵，闻起来有一股淡淡的酸味。在发酵的淘米水中挤入一些柠檬汁，就成了纯天然的富含植物精华的洗发露。

用淘米水洗头，一周2~3次，坚持一个月左右，头屑、头发分叉、掉发等问题就会有所改观。

●内服

头发之所以会乌黑发亮，是因为头皮会分泌含有微量铜、铁的色素。如果头皮气血不畅，毛囊受损，体内营养缺乏，头发就会干枯、发黄，甚至变白。因此，平时多吃富含铜、铁元素的食物，可以使头发乌黑。

①　何首乌。

②　黑芝麻。

③　黑木耳。

④　核桃。

⑤　马铃薯、地瓜。

⑥　葵花籽。

⑦　动物肝脏。

⑧　黑米、黑豆及其他豆类食物。

怎样才能拥有窈窕身材？

在物质丰饶的时代，“胖纸”们十分苦恼。

节食？真的很难管住那张嘴。吃减肥药？长期服用对身体又不好。

怎么办呢？还是采用最自然、最无害的减肥瘦身法吧。

●运动减肥

“吃了睡，睡了吃”的“猪生活”正适合长膘长肥肉。要想减肥，就要改掉贪吃、嗜睡的坏毛病，每天坚持做一小时的有氧运动，让脂肪在慢跑、快走、游泳等运动中燃烧，别怕瘦不下来。如果你能坚持，窈窕身材就指日可待。

●健康饮食

① 饭前喝汤

养成饭前喝一碗菜汤或米汤的习惯。一来汤中富含营养，不必担心身体会营养不良；二来汤水入胃，可以减小食欲，让你不再吃那么多东西，体内就可少积累一些多余能量；三来汤水润胃通肠，有利于清理肠道和体内垃圾，对减肥十分有帮助。

② 早餐吃得好，晚餐吃得少

“一日之计在于晨”，早餐摄入丰富营养会使我们一天都能量充沛，而且每天吃早餐有利于肠胃畅通和排毒。可晚上是睡眠时间，人体不需要消耗太多能量，因此宜饮食清淡，吃七八分饱就行了。

③ 饭前水果

饭前吃水果，如香蕉、苹果、梨等，一来可以减少正餐进食量；二来可以清理肠胃，有利于减肥。

④ 多吃芦笋、黄瓜、玉米、冬瓜、木耳等蔬菜

这些食物可促进体内脂肪燃烧，利尿排毒，能有效减肥。

●减肥大忌

① 偏好多脂肪、高蛋白、高能量的食物。

简言之，就是爱吃油、糖、肉。

② 睡前进食

睡前进食，是自毁身材最有效的招数。

③ 压力大，不运动

长年累月生活在高压下，且久坐不动，肥肉和啤酒肚就会找上门来。

④ 饭后喝汤、饭后水果、暴饮暴食、饮食无规律等。

美容小诀窍拾遗

●化妆时，先把微湿的化妆棉放到冰冷里冷藏一会儿，再拿出来使用，会使肌肤格外清爽，妆容也会显得更清新、更鲜活。

●蜂蜜中含有类似溶菌酶的成分，有洁齿的功效，多喝蜂蜜水可以使牙齿美白。不过蜂蜜是甜食，喝完蜂蜜水最好及时漱口，以防龋齿产生。

●睡前补水是打造水嫩皮肤的一个很重要步骤。如果懒得敷面膜，用化妆棉蘸取适量化妆水涂在脸上就可以了，同样能起到很好的补水作用。

●早晨睡醒最狼狈的事情，莫过于看到镜子里的自己一头乱发。为了防止头发在一夜之间乱得不成样，可以在枕头上铺一条光滑的丝巾。

你知道怎么养生吗？

现代人都很重视养生。然而，生活中有些事情我们天天都在做，以为这样做是理所当然的，实际上却是犯了大错，因为这些举动正不知不觉损害着自身健康。而另外有一些对身体有益的做法，是简单、易行的养生法，只是举手之劳，却鲜为人知。

养生切记"九不过"

"过犹不及。"养生的窍门，在于衣食住行处处有"度"，任何事情都不要太"过"。

●衣不过暖

穿衣戴帽不要过于暖和。过于暖和会使身体失去御寒能力，而且容易感冒。但也不可穿得太少，否则会受寒生病。

●食不过饱

吃饭不要过饱，饮食七分饱就够了。日常饮食也不要过于精细，或只吃粗粮，细粮和五谷杂粮，荤菜、素菜，山上长的、水中游的应什么都吃一些，但再好的东西也别一次吃太多。

●住不过奢

住房是为了遮风避雨，让人有一个安全、隐秘的私人空间。如果过于奢侈、富丽，会激起人的贪欲，害人沉沦于奢靡的生活中，于身心无益。

●行不过富

运动的身体才会健康而富有活力。平时出门，不是太远的地方，尽量以步代车。快走、慢跑、漫步等，都是健身之道。

●劳不过累

劳动强度要控制在身体能够承受的限度内。身体如弓，弦拉得太满弓会断。日常应注意劳逸结合，每日都给自己留出休闲、娱乐的时间以放松身体。有张有弛，身体才会健康。

●逸不过安

太过于安逸，整天无所事事，人会变得心灰意懒、无精打采，身体也会一天天萎靡衰竭。因此，要学会“无事找事”，在工作之外培养一些兴趣爱好，有助于延年益寿。

●喜不过欢

“人逢喜事精神爽”，可高兴过头却会“喜极悲来”。太高兴、太激动会使血脉贲张，血压升高，伤及心脏和血管。

●名利不贪

过于看重名利、追名逐利，会被名利束缚，为名利焦虑、紧张、苦恼，不但耗费心力、体力，还会伤及气血和肝脾，使人无法平心静气生活，对健康大大有害。

●怒不可暴

遇上不顺心、不开心、令人气愤的事，不要把负面情绪一味压制在心，应通过倾诉、运动、转移等方式缓缓释放出来，但也不要暴怒，发怒会使血压急剧升高，心跳加快，经常发怒不但伤肝脾，还会引发严重的心血管疾病。修身养性，乐观处事，淡定生活，才会健康长寿。

省时又省力的日常养生法

养生就跟吃饭一样，只有天天都做，才会有效果。日常养生，应从醒来时做起，以睡觉时收尾。每天都做那么一点点，可以一辈子受益匪浅。

●起床养生操

赖床5分钟，伸个大懒腰。闭目再叩齿1分钟，既舒展了筋骨，又能明目健齿。

●洗漱养生操

刷牙不忘踮脚（脚后跟抬起、落下反复运动），梳头不忘抬臂（将胳膊尽量打开往上抬），既训练了脚脖子，燃烧了小腿脂肪，预防了肩胛骨突出，还按摩了头部，一举多得。

●途中养生操

如果步行，那就昂首挺胸，快走、慢跑，活络筋骨，舒展颈椎。如果乘车，那就握拳、转腕，活动手指，可促进手部灵活性和手部血液循环。

●办公室养生操

每工作1小时左右，应该适当做一做运动，幅度不必过大，如举起双臂往后扩张，用头部写字，闭上眼睛连续活动眼部肌肉，动动脚指头，都可以很好地使身体各个部位得到休息和放松，可避免眼干燥症、颈椎病等“职业病”的发生。

●每日午休

虽然午休时间不长，一般在15~30分钟之间，但它十分重要，有着保护心脏、维持体能、提高机警度、增强记忆力和体能等诸多功效。

●睡前养生操

上床后，可做一做提肛运动，长期坚持可预防痔疮等疾病。

●睡觉养生

① 睡前一杯温牛奶，可促进睡眠，使晚上睡得香。

② 每天睡足8小时，大脑、心脏和体能才会得到很好的恢复。

③ 坚持每晚10点之前睡觉，可以使皮肤变得滋润，并告别黑眼圈和乌青的眼袋。

●喝水养生

① 早起一大杯淡盐水，可疏通肠胃，排遣积食和毒素，治疗、防止便秘。

② 每天至少饮用2000毫升开水，是排毒、瘦身、使皮肤保持湿润有光泽的前提。

应季疾病懂预防

随着一年四季冷热干湿的气候变化，人的身体也在适时作出调整。如果身体无法适应季节变化，就会生“季节病”，尤其是体弱的老人、孩子。不过，“季节病”都有规律可循，只要掌握发病的原理和时间规律，及时做好防御措施，就可避开百病，活得健健康康。

很多孩子之所以一到变天就生病，猫娃却生龙活虎的很少生病，原因就在这里。

●立春（每年 2、3 月）

春天，万物复苏，花絮、花粉四溢，也是人体激素变化最旺盛的时节。

这个季节易引起各种过敏性疾病，如花粉过敏、皮肤湿疹、鼻炎等。

又由于人体内血液循环旺盛，易引起上火、血压升高，痔疮患者容易病发等。

应对办法：

① 过敏体质的人应尽量减少外出，注意饮食，以避开各种过敏源。

② 易上火体质的人应多喝水，饮食上以清淡为主，多补充维生素，少吃辛辣食品。

●谷雨前后（每年 4、5 月）

春末夏初，阳气越来越旺，天气渐热，但又骤暖骤寒，非常适合各种细菌、病毒大量繁殖，是流行感冒、手足口病、腮腺炎、麻疹、咳嗽等疾病的多发季。少许人还因头、胸部血流上冲，会出现心悸、眩晕等症状。

应对办法：

① 勤洗手、多喝水，开窗通风，避开密集型人群，

及时增减衣服，必要的时候在室内洒些白醋消毒，可以预防感冒和各种流行疾病。

② 为避免夏季上火，可喝一些败火的菊花茶、绿茶，吃一些银耳、百合。少吃肉，尤其是狗肉、羊肉等大热的食品。

●小满到夏至（每年 5、6 月）

天气越来越热，南方的梅雨季节如约而至。

这是各种湿性皮肤病、风湿病和久治不愈的神经痛患者最煎熬的时期，而且终日阴雨不见阳光的天气还会使人心情“发霉”，变得阴郁、烦躁、易怒。

① 风湿病患者要注意防风、保暖，少沾水，居住和工作环境一定要保持干爽。

② 由于天气湿热，食物容易发霉，滋生细菌，应尽量避免吃隔夜、久放的食品，以防止患消化道疾病。

③ 如果心情阴郁、烦躁，身体不适，不妨放个假，去雨季尚未到来的北方城市走走看看，相信那里的风清云淡、蓝天白云会重新带给你健康和愉悦。

●小暑到处暑（每年 7、8 月）

盛夏季节，天气炎热，又伴有潮湿、闷热、雷雨，人的食欲明显下降，懒得做饭，外出就餐频率增高，体抗力减弱。再加上蚊虫、苍蝇肆虐……易引起腹泻、痢疾、肠胃疾病和中暑。

① 注意室内卫生。洗手间、厨房的垃圾最好一天一倒，将蚊子、蟑螂、苍蝇等昆虫清理得越干净，感染传染病的概率就越小。

② 为保证食品卫生，最好坚持自己在家做饭，减少外出就餐次数。

③ 饮食以清淡为主，少吃油腻、冰镇及生冷食物，

多吃醋和大蒜、生姜，可助消化、杀菌消毒、驱寒。

④ 虾、蟹等海鲜及各种蔬菜要彻底煮熟再吃，以免把各种寄生虫、虫卵吃进腹中。吃瓜果时也一定要洗净。

⑤ 要及时把剩余的饭菜放进冰箱，变质食物千万不能再吃。

●白露到秋分（每年 9、10 月）

终于迎来了秋高气爽的季节，但早晚温差大，气候变得干燥，易引起鼻炎、哮喘（鼻炎往往会转为哮喘病状）。咽炎、气管炎、痔疮症状也会加重。

① 感冒和不洁的空气易使鼻炎加重，因此一定要及时增添衣服，预防感冒，还要保持空气清洁，风沙天、雾霾天尽量减少外出。

② 在干燥的天气，可以使用空气加湿器来调节室内空气的湿度，并注意多喝水，可以减轻咽炎、气管炎。

③ 多吃粗粮，多做有氧运动，可以预防秋季各种疾病的发生。

●冬季（11 月到来年 2 月初）

严冬，南方湿冷，北方干冷。风湿、关节炎、哮喘病、咽喉炎、扁桃体炎、痔疮患者的症状会越来越严重，外露的皮肤还会红肿，长出冻疮。另外，此季节也是心脏病、高血压的多发季。

① 防风湿，最好的办法就是雨雪天减少外出，注意保暖。骑车出行要带上护膝、帽子、手套、围巾等，尤其是膝盖、肩部要做好防寒、防风工作。

② 咽喉炎、扁桃体炎、痔疮等多因干燥上火，除了多喝水，忌吃辛辣，还可喝些冰糖雪梨汁、银耳莲子粥。

③ 少沾水，用辣椒秆洗手，用姜汁儿搓手，都可对预防冻疮起一定作用。

④ 做好养心、护肺工作。

日常养身祛病小招数

●电脑族护眼鲜招

① 菊花茶能明目，防止眼部出现细纹，还能吸收屏幕射线。电脑族每天饮用菊花茶，可以减少辐射对眼睛的伤害。

② 如果不喜欢喝菊花茶，也可以用水浸泡小米草或菊花，然后用毛巾蘸此汁液来敷眼睛，也可以很有效地舒缓眼睛疲劳。

●巧降血压鲜招

① 用葡萄汁代替白开水送服降压药，能有效地促使血压降得平稳，且不会出现血压忽高忽低的现象。

② 每天取四两左右的芥末煮成芥末水，待稍凉后洗脚，每天早晚一次，有很好的降压效果。

③ 小苏打洗脚降压。把水烧开，放入2~3勺苏打粉，泡洗20分钟左右，长期坚持，可有效降压。

④ 吃老醋花生米降压。将半碗花生米（带红衣）泡在一碗醋中，一星期后就成了老醋花生米。每天早晚各吃10粒左右，有一定降压及软化血管的作用。

●巧治慢性喉炎

① 丝瓜汁。用丝瓜绞汁或将丝瓜藤切断，让其汁自然滴出，放入碗内蒸熟，再加适量冰糖饮用，就是一服自制的治疗慢性喉炎的汤药了。

② 蜂蜜茶。在泡好的茶水中加入蜂蜜，每日饮用，可有效减轻咽喉炎。

③ 大蒜头。口含生大蒜头，不要咬破蒜头，每日含几次。长期坚持，能有效减轻咽喉炎。

●从饮食中汲取更多营养

① 吃菜喝菜汤。许多人爱吃菜却不爱喝菜汤，实际上，烧菜时，菜里大部分维生素已溶解到菜汤中。因此，菜汤才是最有营养的。吃菜喝菜汤，才能“肥水不流外人田”。

② 煮排骨放醋。排骨中的钙、磷、铁等矿物质能增强人体骨骼，营养价值很高。炖排骨时滴几滴醋，可防止维生素被破坏，且促使排骨中的矿物质溶解到汤里，有利于吸收。

●洋葱防衰老

洋葱中含有微量的硒元素，多食洋葱，能够预防衰老。

●漱口能按摩大脑

连续漱口 5 ~ 10 分钟，可引起中枢神经系统兴奋，对大脑形成一种特殊的按摩，有醒脑、益脑的功效。

●赤脚走石子路

夏季天气炎热，脚不怕着凉。不妨穿一双鞋底很薄的鞋子，或干脆脱掉鞋子去多石子的路上走走，是对脚底的极好按摩，对全身健康都有利。

怎样装备你的家庭急救箱？

求医不如求己。生了大病不得不上医院，不过日常一些小病则不必大费周章，自己积累一些急诊常识，准备一只急救箱，那么面临一些常规小病就可不劳医生开药方了，遇到突发疾病时，如果一时找不到医生，也不会手忙脚乱，以致耽搁了抢救的最佳时机。

家庭急救箱必备药

人有旦夕祸福。生活中总是不怕一万就怕万一。不管暂时是否需要，家里定期适量配备一些常用药品，可以帮助我们在需要时应对不备之需，顺利渡过难关。

●解热镇痛药

如阿司匹林、索光痛片、吲哚美辛等。当身体病痛部位突然剧烈疼痛时，可止痛、缓痛。

●感冒药

如板蓝根、感冒清颗粒、银翘片、白加黑等。在感冒多发季可预防、治疗感冒。

●止咳化痰药

如溴己新、喷托维林等，可祛痰。

●抗生素

如氧氟沙星、复方新诺明、乙酰螺旋霉素等。用于治疗由病毒性引起的感冒、炎症等。

●外用消毒药

如酒精、碘酒、紫药水等。可在受到外伤时涂擦伤口，预防伤口感染。

●外用止痛药

如风湿膏、红花油等。受到外伤时涂抹在伤口，可止痛、消肿。

●外伤辅助用品

如创可贴、消毒棉签、纱布、胶布等。

●藿香正气水

可治疗风寒感冒、肠胃型感冒、腹泻等。

●风油精（或清凉油）

涂抹于患处，有止痛、止痒、清凉提神、缓解头痛等功效。

●患者常备药

根据每位家庭成员的具体情况，遵照医嘱，配备必要的应急药品。例如，高血压患者的降压药，胃病患者的胃药，便秘患者的甘油栓、开塞露等。

如何应对突发疾病？

心脏病突发、发烧、头疼……当身边有人突发疾病，而身边又没有专业救护人员时该怎么办呢？不怕一万，就怕万一。像猫妈一样，学会辨识突发疾病的缓急，并掌握一些突发疾病急救知识，可以使我们在身边有人突发疾病时沉着应对，并在医生到来之前完成一些必要救护工作，把疾病危害降到最低。

发烧了怎么办？

感冒、内热、肺炎及其他多种疾病都会引起发烧的症状，长烧不退很可能会烧坏身体。但如果发烧原因不明，千万不要乱用退烧药，尤其是儿童。在医生来到之前使用自然退烧的办法，是最保险、最安全的做法。

●用凉毛巾敷在患者额部、腋窝下来降温。

●大量饮用温热的淡盐水，加速体内水循环，通过排尿来降温。

●用兑了水的酒精或白酒擦拭全身，尤其是额头、耳后、腋窝、头颈等部位，有很好的退烧效果。

●如果高烧不退，应立即送医院就医。

感冒了怎么办?

感冒是最常见的疾病，根据发病原因不同，可分为风寒型感冒、风热型感冒、暑湿型感冒和流行性感冒四大类。治疗感冒时应该对症下药。

●风寒型感冒

吹了冷风，受了寒气，容易得风寒感冒。

症状：除了鼻塞、打喷嚏、咳嗽、头痛这些一般症状外，往往畏寒、低热、无汗、流清涕，吐出的痰液呈稀薄白色。

治疗：喝姜汤，或者冲服专治伤风感冒的冲剂等即可。还可以捂在被子里出一身汗，汗出了，病情就会缓解许多。

●风热型感冒

春夏季节，气温不断回暖，天气突然太热也会使人得感冒。

症状：除了鼻塞、咳嗽、头痛等一般症状外，往往伴有发烧，痰液黏稠呈黄色。

治疗：选用专门治疗风热型感冒的药物，如板蓝根冲剂、风寒感冒冲剂、银翘解毒丸等。

●暑湿型感冒

夏季天气炎热、潮湿，很多人贪凉，把空调温度调得太低，或进食大量冰镇饮料与食物，很容易得暑湿型感冒，又叫热伤风。

症状：往往出现畏寒、发热、口淡无味、头痛、头胀、腹痛、腹泻等症状。

治疗：服用藿香正气水、银翘解毒丸等药物治疗。

●流行性感冒

受到流行病毒攻击而得的感冒。

症状：症状与风热型感冒相似，只是更为严重，有畏寒、发高烧、打寒战、怕冷、头痛剧烈、全身酸痛、疲乏无力、干咳、胸痛、恶心、食欲不振等症状。儿童和老人可能并发肺炎或心力衰竭。

治疗：以清热解毒、疏风透表为主。可选用防风通圣丸、重感灵片、重感片等药物治疗。严重的应及时就医，以免诱发其他更为严重的疾病。

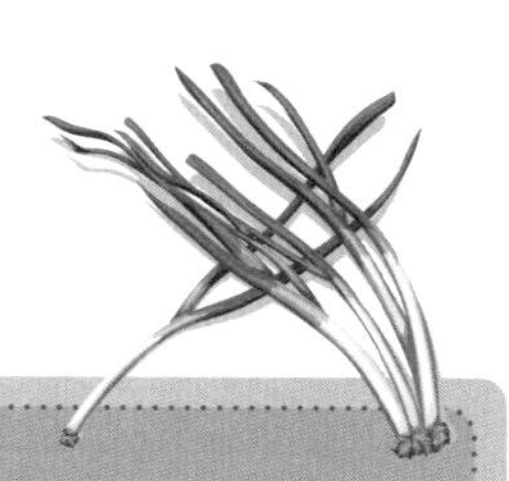

治疗鼻塞的小偏方

●将葱白一小把或洋葱头三四个切碎、熬汤，熬好后用鼻子使劲儿吸热气，可通鼻塞。

●将食醋烧开后，用鼻子使劲儿吸醋气，也可通鼻塞。

●取一瓣大蒜头，用刀削成与鼻孔相吻合的形状，塞进鼻孔，可通鼻塞。

●用鼻子闻薄荷油，也可以使鼻孔通畅。

●侧卧按摩：如果左侧鼻塞，就向右躺下；如果右侧鼻塞，就向左躺下。然后两指捏住鼻子，按摩鼻梁两侧迎香穴，几分钟后就消除鼻塞。

心脏病突发怎么办？

●心绞痛

① 心绞痛突发时，应立即停止活动，安静休息，并消除紧张心理。

② 立即服下常备药，如异山梨酯、速效救心丸等。

③ 如果身边没有药物，可用力按压至阳穴（位于两侧肩胛骨下角连线的中间位置，即第7胸椎棘突下凹陷中）。也可以用指掐患者中指甲根来缓解心绞痛。

④ 情况危急的，应立即拨打120急救。

●急性心肌梗死

① 让病人靠在被子上半卧着，把足稍稍抬起，注意不要平卧。

② 保持室内安静，开窗通风，解开患者的衣领、腰带、胸扣，便于他呼吸。

③ 立即拨打120急救。或者开车送去最近的医院急救，速度越快越好。但千万不要扶着病人让他自己步行，也不要背着走。

④ 昏迷的患者应立即采取胸外按压、人工呼吸。

急性哮喘病发怎么办？

春暖花开的春季，是哮喘病的多发季节。哮喘病发作时，患者会出现呼吸困难、呼气延长、面色苍白或发紫，心率加快，严重会甚至会血压下降、大汗淋漓、出现昏迷，如果得不到急救和护理，可能会有生命危险。

① 急性哮喘病发作时，应该首先想办法让病人安静下来，坐在椅子上或半卧着，身体略向前倾，这样的姿势有利于呼吸。

② 取出吸氧瓶让病人吸氧，病人张大口吸氧时，可在旁边备一杯热开水，热开水的蒸汽可缓解病人咽喉部的干燥。

③ 使用平喘气雾剂，如特布他林、沙丁胺醇等，在病人深呼气时喷入口腔，使得哮喘症状好转。

④ 哮喘一日内多发或情形严重者，应及时送往医院救治。在运送途中，应始终保持病人有利于呼吸的姿势，并注意不要让病人着凉。

高血压突发怎么办？

高血压突发，可能会伴有脑血管意外，出现头痛、头晕、呕吐等症状，严重者会出现晕厥、脑血栓、脑血管破裂，从而引起意识障碍、肢体瘫痪。除了立即拨打120，还应同步展开救治，否则可能会有生命危险。

●家中高血压患者出现头晕目眩等症状时，应让他安静躺下休息，并服用降压药。但降压药不宜一次服用太多，否则血压急剧下降，可能导致头晕、缺氧性脑中风、心肌梗死等严重后果。

●家中高血压患者出现头痛、呕吐等症状时，应让他平卧，并头偏向一侧，以免呕吐物阻塞气管，并立即拨打120。

●病人突然心悸气短，肢体活动失灵，伴随粉红色泡沫样痰时，应指导病人双腿下垂，扶着病人坐好，等待救护车到来。

●病人在劳累或兴奋后，发生心绞痛，甚至心肌梗死或急性心力衰竭，心前区疼痛、胸闷，并延伸至颈部、左肩背或上肢，面色苍白，出冷汗，此时应叫病人安静休息，服一片硝酸甘油，并吸入氧气。

低血糖患者突然患病怎么办?

低血糖患者发病时会出现颤抖、眩晕、无力、出汗、手脚发麻等症状。症状轻的自己对付就可以了。如果病情严重，则应该立即送去医院抢救。

●患有低血糖者，应该随身携带一些零食，如巧克力、奶糖、饼干等。一旦感觉到身体不适，就赶紧吃一个糖或别的零食，以缓轻症状。

●让病人躺下休息，并多喝葡萄糖汁、果汁等，一日多餐，在正餐外应吃写饼干、面包、蜂蜜等食物。

●如果病人病情严重，出现神志不清、昏迷等症状，应该立即就医。

抽筋怎么办?

缺钙、受凉等原因都会引起肌肉痉挛，也就是人们常说的“抽筋”。手指、脚趾和小腿肌肉是最容易发生抽筋的地方。抽筋时疼痛难忍，这时该怎么办呢?

●按摩抽筋部位，进行拍打、揉搓。

●通过活动使抽筋部位的筋肉恢复松弛：

手指抽筋：握紧拳头，松开，再次握紧，直到手指重新恢复灵活。

手掌抽筋：双手手指交叉握紧，向外反转掌心，用力伸张，运动多次。

手臂抽筋：手握拳头，不断做屈肘再展开的运动。

脚趾抽筋：用抽筋的脚趾抵地，活动脚踝，抽筋的脚趾会缓慢变灵活。

小腿抽筋：用对侧的手握住抽筋侧的脚趾，缓缓向上拉，另一只手压住膝盖，帮助小腿伸直。

大腿抽筋：屈膝坐下，使大腿与身体保持 90° 角，并不断运动小腿，以此来带动大腿运动。

●用毛巾热敷，以使肌肉放松。

全身痉挛怎么办?

全身痉挛可由多种原因引起，如癫痫、脑炎、脑膜炎、急性脑血管病、低血糖、高热、中毒等。对全身痉挛进行急救时，应辨清情况，然后一一对付。

●癫痫病发作导致全身痉挛

表现：患者意识丧失，摔倒在地，全身抽搐，下肢伸直，双手握拳，有时还口吐泡沫。一般持续几分钟后，随着患者逐渐清醒，全身抽搐的症状会自动停止。

急救措施：

① 迅速移开患者身边的热水壶、开水、木架等可能被打翻、伤及其身体的东西。

② 将手帕等柔软而不易被吞咽的东西卷成卷置于

患者舌下，以免患者咬伤自己的舌头。

③ 拿毯子、衣服等垫在患者头下，以防患者伤到自己头部。

④ 患者痉挛时间超过 1 分钟还不停止的，应立即拨打 120。

⑤ 除非患者处于十分危险的地方，否则尽量让患者处于原地。不要在癫痫发作时给他喂水、喂食或极力唤醒他。

●儿童发高烧引起的痉挛

表现：口角、眼睑、手指和足部局部性抽搐的，病情较轻。意识丧失，头部后仰，双眼上翻，四肢僵直，全身抽搐，则情况危急，应立即就医。

急救措施：

① 儿童发生高热抽搐时，不要惊慌失措，避免拼命摇晃、呼叫或掐穴位，拼命揉搓孩子手脚等，只要不出现晕厥，一般不会有大危险，应该沉着应对。

② 急救时，应使怀中的孩子头略往后仰，脸偏向一侧，以免呕吐物阻塞气管。

③ 同时，应解开孩子的衣扣，用温水、酒精（或白酒）混合的溶液来擦拭发烧儿童的额部、颈部、腋下等部位，以尽快降低体温，一般 3 分钟左右可停止抽搐。

④ 如果用上述办法无法使小儿停止抽搐，并且儿童体温超过了 38℃，或病况复杂，在抽搐时伴有反复呕吐等情况，应立即就医。

●心源性脑缺血发作导致的痉挛

表现：患者有心脏病史，抽搐前突感恶心，然后开始意识丧失，面部和口唇青紫，四肢出现抽搐症状。有

些患者抽搐后会自行缓解，有些则会因为无法得到及时救治而死亡。

急救措施：

① 拨打 120，尽量让患者留在原地，切忌擅自挪动患者，或送其去医院。

② 如果患者心跳停止、呼吸中断，应立即采取心肺复苏法来急救。

突然晕厥怎么办？

过度疲劳、低血糖、心脏病突发、过分激动，就可能引起晕厥。因此，当身边有人突然发生晕厥时，要针对实际情况来实施抢救。

●疲劳晕厥

如果一个人在连续劳累多日后发生了晕厥，多半是因为疲劳过度，这时病人最需要的就是好好休息。把病人扶到床上，让他好好休息，并在饮食上加以调理，多补充营养，病人就会日渐康复。

●低血糖等疾病引起晕厥

如果一个人原本患有低血糖、贫血等易引起晕厥的疾病，那么他晕厥很可能是由于这些疾病引起的。这时，最好的办法依然还是让病人多休息，并及时补充一些葡萄糖饮料和补血营养品。

●激动引起晕厥

如果是由于高兴、愤怒、悲伤等激动情绪引起的晕

厥，往往因大脑缺血所致。病人晕厥前会有乏力、气闷、心慌、头晕、眼花等症状。对待这类晕厥病人，最好的办法是让他平卧，然后把脚抬起，使其高于头部，以改善脑部供血不足，并解开患者的衣领、腰带，使其呼吸畅通。不久，患者即可恢复清醒。

●高血压、心脏病等疾病引起晕厥

如果病人患有高血压、心脏病，突然晕厥过去则表示病情恶化。这时，应立即探视病人是否还有呼吸、心跳，争分夺秒开展心肺复苏抢救，并立即拨打 120 求救。

突发流产怎么办？

尽管现在的准妈妈养胎、护胎都做得格外好，但也难免会有小产、滑胎的事故发生。如果发生了意外流产，该怎么进行现场急救呢？

●妊娠 28 周之前，如果孕妇出现阴道少量出血、腹部疼痛等症状，可能是先兆流产。这时，孕妇及家人应该格外警惕，最好去医院做一下全面检查，并且孕妇需要绝对卧床休息，遵医嘱进行镇定、保胎。不宜保胎的就要果断流产，以防日后给母子造成更大危害。

●孕妇在妊娠期出现阴道大出血、腹部剧烈疼痛，可能为不完全流产。这时，如果有条件，可先应用宫缩剂，使大出血得到缓解，以防大出血引起休克甚至更大危险。

胃痛、腹痛怎么办?

●受寒胃疼

因外出吹了冷风导致的胃痛、腹痛，不必吃药，只要穿暖和一点儿，用毛毯盖住胃部和腹部，或用热水来暖一暖胃即可治愈。肠胃暖和了，胃疼很快就会减轻。

●消化不良导致胃疼

吃多了油腻食物，不消化导致的胃部胀痛，除了轻揉胃部，还可吃几片健胃消食片，或者喝一小杯加了食醋的温水，以促进消化，缓解胃痛。

●吃生冷食物引起的胃痛

胃炎患者吃了生冷食物会引起胃胀、腹泻等不适，先吃点儿治疗胃胀的药，然后用手按摩胃部，使体内的凉气往下走。把胃里的寒气赶跑，胃疼即可消除。

牙痛怎么办?

长龋齿、蛀牙，牙龈发炎等都会引起牙痛。治病要治本。要治愈牙疼，最好的办法当然还是找医生，不过在牙痛难耐的时候，还是得先采取一些紧急措施来缓解。

●花椒麻醉法

花椒很麻，如果牙痛得实在厉害，不妨在嘴里放一枚花椒，噙于龋齿处，这样，被麻醉的龋齿就不会那么疼了。

●丁香花止痛

将一朵丁香花放入口中，用牙咬碎，填入龋齿的空隙，一段时间后可以消除牙痛。

●盐水、白酒止痛

用盐水或白酒漱口，反复漱几遍，也可减轻或消除牙痛。

偏头疼怎么办？

●热水泡双手

把双手浸入热水中，水量以浸过手腕为宜，并不断地加热水，以保持水温。半小时后，痛感即可减轻，甚至完全消失。

●布巾缠头

用一块毛巾或柔软的布条沿着太阳穴缠一圈，不要太紧，也不要太松，能暂缓偏头痛。

●用风油精、香精等抹太阳穴、哑门穴，并加以按摩、轻揉，对偏头痛有减缓作用。

中暑了怎么办？

夏季酷暑难当，当气温超过 35℃、空气湿度达到 75% 以上时，人们很容易中暑。中暑的人会头晕、耳鸣、恶心、胸闷、大汗，甚至抽搐、晕厥、猝死。那么，身边有人中暑时该怎么办呢？

●服

刚开始出现中暑症状时，患者应该立即待在清凉地，然后服下人丹、藿香正气水等解暑药，并多喝淡盐水，以防中暑症状加重。

●搬

如果中暑较严重，应该迅速将中暑者扶到阴凉、通风的地方，让他平躺着，然后为他宽衣，给他扇凉，使身体降温。

●擦

用冷水或稀释的酒精擦拭患者全身，也可用冷水淋湿的毛巾或冰袋、冰块敷患者颈部、腋窝或大腿根部腹股沟处等大动脉血管部位，以降温。

●掐

如果患者中暑昏迷，可用大拇指按压患者的人中、合谷等穴位，然后把患者扶到凉爽的地方静卧。情形严重的应立即拨打 120。

夏季如何预防中暑？

●气温超过 35℃的天气尽量减少外出，尤其要避免烈日当头时外出劳作。

●夏季里，应五分劳作，五分休息，保证充分的睡眠和休息，才能增强体质。

●外出时应戴遮阳帽或打伞，可以有效减少阳光直射。最好随身携带一块湿毛巾，不时擦脸，可降温消暑。

●为以防万一，夏季最好随身携带一些降暑药，如人丹、十滴水、藿香正气水等，身体出现不适时立即服下，可预防严重的中暑事件发生。

咽喉干痛怎么办？

●咽喉干痛多半是咽喉上火或感染后发炎导致的。如果实在疼痛难忍，就吃几片消炎药。同时，多喝蜂蜜水，对咽喉痛有缓解作用。

●每天早上用盐水漱口，有助于治疗慢性咽炎。

耳朵流脓怎么办？

耳朵流脓多为中耳炎所致，在看医生之前有三点要注意：

●用棉棒轻轻粘掉脓物，以免凝成固体堵塞耳道。

●晚上睡觉的时候，应侧向流脓的耳朵这边，以使脓液充分淌出，而非进入内耳。

●不要私自向耳朵里灌药物。

腹泻怎么办？

●因为肠胃着凉引发的腹泻，如果不严重则不必惊慌。多穿衣服，或盖上毛毯让腰背、腹部保持暖和，过会儿腹泻症状就会减轻。

●如果是不明原因引起的腹泻，而且情况严重，又无法立刻送医的，要及时给病人补充淡盐水。因为腹泻时，人体内的液体和电解质大量丧失，时间久了会导致人体脱水，引发肾功能衰竭，甚至导致死亡。

●腹泻后肠道虚弱，不宜吃油腻、坚硬的不好消化的食物，但也不可以饿着，应该少吃一点儿清淡易消化的食物，如稀饭、麦片粥等。

●发生腹泻时切忌滥用抗生素，否则会损伤肠道，使急性腹泻转为慢性腹泻，适得其反。

落枕了怎么办？

●按摩

不断敲打、按摩肩颈部，可使症状好转。

●热敷

用热水袋敷在疼痛、僵硬部位，可使症状好转。

●逆向运动

缓慢活动脖子，怎么运动疼，就怎么运动，重复运动几次，速度要慢，但幅度可大一些，会好得更快。

便秘怎么办?

●按摩穴位，促使大肠蠕动

可以按摩腹结穴、照海穴和人中穴，其中按摩腹结穴最管用。如厕时用手指轻轻揉按腹结穴，可以促进大肠蠕动、收缩，促进排便。

●喝淡盐水

便秘的人可在每日早起时大口喝下一大杯淡盐水。淡盐水能清洗肠胃，并给肠道中的贮存物以向下的压力，可以起到通便的作用。

流鼻血怎么办?

●不要慌张，流鼻血时最好先坐下来，解开或移除颈项上的衣服、围巾等，身体略向前倾，并略低头，但不要低太多。

●轻度流鼻血

① 可取一张柔软、干净的纸巾卷成柱状，轻轻塞进鼻孔，过三五分钟，鼻血就可以止住。

② 用冷毛巾敷在额头、脸颊和鼻子附近，也能加速鼻子止血。

③ 两只手的中指互相勾在一起，也可以快速止血。

④ 用热水泡脚，有利于止血。

●重度流鼻血

① 如果鼻孔大量出血，一时无法止住，可用冷毛巾敷头，赶紧把病人送往医院。

② 病人应暂时改用口呼吸，停止用鼻子呼吸，以免吸进鼻血。

流鼻血时急救禁忌

●仰头

仰头时鼻血会流入咽喉，并在咽喉部结成血块，不但不利于快速止血，还可能造成窒息等严重后果。

●捏鼻、塞鼻孔

鼻孔大量出血，可能由某些疾病引起，不能堵塞，只能疏导，如果一味捏鼻、堵塞，由于七窍相通，可能会造成“七窍流血”，更严重的可能会引起别处的血管破裂。

夏季长痱子怎么办？

●将新鲜苦瓜切片，用带汁的苦瓜片擦拭长痱子的皮肤，每天擦两次，两三天痱子就可消退。

●西瓜皮也有清凉、消暑的功效。将西瓜皮内残留的瓜瓤削干净，然后用西瓜皮擦拭患处，每天擦三四次，几天后不但痱子销声匿迹，而且经常擦拭处的皮肤会变得更白嫩。

●此外，在痱子上抹一些牙膏或花露水等，都有去痱的效果。

不停打嗝怎么办？

●舌头下含一口绵白糖，口腔内生成唾液时连口下咽。

●捏着鼻子大口喝水。

●用大拇指用力掐中指指腹。

眼中掉进了沙子怎么办？

眼中进入异物时，立即吐口水，然后不停眨眼睛，这时大量涌出的泪水会把异物冲洗掉。

口腔溃疡怎么治？

在嘴里含一口白酒，用白酒漱口，坚持几天溃疡就会好。

鼻炎怎么治？

坚持每天用温盐水洗鼻腔。准备一盆温热的盐水，然后用盐水冲刷鼻腔即可。

背上长很多痘痘怎么办？

洗澡的时候用少量食盐搓背，皮肤娇嫩者可用上海硫黄皂洗背，坚持一段时间痘痘即可消除。

如何应对小意外？

生活中，不论是在家还是出门在外，都难免会发生一些意想不到的事故，如食物中毒、被毒虫叮咬，不小心扭伤了腿脚等，如果无法立即就医，就要学会自救，这样才能把危害降到最低。

扭伤了腰怎么办？

搬动重物、弯身取物、打哈欠、抬提重物时用力过猛，会导致腰部扭伤。受伤后腰部活动困难，起身、翻身时腰部疼痛，局部按压有疼痛感。

●扭伤腰之后，最好的急救办法就是躺在硬板床上别动，老老实实躺上几天，腰部疼痛就会缓解。

●静躺休息时，对受伤处进行热敷，可促进血液循环，加速腰痛缓解。

●轻轻揉按腰肌，使腰肌保持松弛。

●如腰疼厉害，应趁早就医，辅以药物治疗。

脚踝扭伤了怎么办?

脚踝扭伤多发生在行走、跳跃、奔跑等运动过程中。是运动时造生的韧带拉伤或关节扭伤。

●脚踝因扭伤而肿胀时，如果不是太严重，可以用冷毛巾或冰块对其进行冷敷，或用凉水淋洗受伤部位。也可以外敷一些活血化瘀的药物，一星期左右可消肿、止疼。

●如果扭伤严重，局部出现大块青紫斑，应立即去医院就诊。

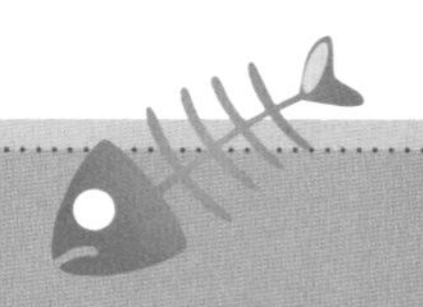

鱼刺卡喉了怎么办?

鱼刺卡喉时，不要急着吞咽，科学的办法应该是先找手电瞧一瞧，看看鱼刺卡在什么部位及鱼刺的大小，然后再分别应对。

●如果鱼刺卡在较浅的位置，最好的办法是用一把长镊子把它夹出来，这样最安全可靠。

●如果鱼刺卡得太深够不着，但鱼刺细小，可用维生素C软化。方法是取一片维生素C，含在嘴里慢慢咽下，几分钟后，鱼刺会被软化。

●如果是小鱼刺，可通过大口喝醋水、吞咽馒头、橘皮等方式，用这些食物把它带走。这种方法有时挺管用，但有时也会存在鱼刺划伤食道、部分鱼刺难以去除的危险，应该慎重。

●如果卡的是大鱼刺，又无法取出，应当立即去医院就诊。否则鱼刺刺伤食道，或引起食道发炎，会很麻烦。

皮肤被烫伤了怎么办？

皮肤被烫伤分为三个等级：一度烫伤为皮肤发红、灼痛；二度烫伤为皮肤起泡；三度烫伤为皮下组织受到创伤，伤后不易恢复。

当身体被烫伤时，可针对伤势采取不同的治疗方式。

●皮肤不小心被热汤水、油等烫伤，如果属于一度烫伤，出现发红、灼痛等现象，应第一时间用冷水冲洗伤口，可制止伤情由一度转为二度，并可减轻皮肤灼痛感。灼痛感减轻后，在皮肤上抹一些紫药水、凡士林，伤口不久就会痊愈。

●如果是二度烫伤，皮肤起了泡，受伤面积较小的，可在皮肤降温后，在伤口处轻轻涂上凡士林，然后用消毒纱布包扎好伤口，以防感染。

●如果皮肤被大面积烫伤，或身体被严重烫伤，则应立即送往医院就诊。

●如果烫伤部位为腿部、腹部等穿有衣物、鞋袜的部位，应小心脱去衣服、鞋袜，尽可能不要擦破表皮，并及时给受伤部位降温，以防伤势加重。

皮肤轻度烫伤急救小偏方：

① 把大葱叶洗净后劈开成片，将有黏液的一面贴在烫伤处，并轻轻包扎，既可以止痛，还可以防止起泡。

② 将生姜切碎捣出汁，用药棉蘸取生姜汁涂抹在烫伤处，可以给起泡的皮肤消炎。

不小心被狗咬了怎么办？

跟宠物在一起，不小心被小狗或小猫咬伤、挠伤也是常有的事儿。如果受伤，不要觉得小伤无碍，哪怕只伤了外皮，也一定要做好救护措施，以免感染破伤风、狂犬病等疾病。

●被狗咬伤、抓伤后，应立即用清水冲洗伤口，冲洗时要将闭合的伤口掰开，以尽量把细菌、病毒冲洗掉。

●如果被宠物咬出或抓出血痕，清洗之前要先用力挤一挤，使伤口附近被污染的血水流出，然后再清洗伤口。

●洗完伤口，要立即去医院注射狂犬疫苗和破伤风抗霉素预防针。

被毒虫叮咬了怎么办?

春夏季节，天气回暖，正是外出游玩的时节，但同时也是毒虫猖獗的时候。去野外游玩的旅客，万一被毒虫叮咬了该怎么办呢?

●蜈蚣咬伤

被蜈蚣咬伤的伤口是一对小孔，毒液流入伤口，会出现局部红肿。

由于蜈蚣的毒液呈酸性，被咬伤后，挤出血水、擦净，然后用 5% 浓度的小苏打、肥皂水擦拭伤口消毒，然后再涂上较浓的碱水或 3% 的氨水，可以完成简单消毒（不用碘酒哦）。

●毒蚊叮咬

山上的花蚊子又大又毒，被叮咬的皮肤会马上起一个红肿的大包。

在患处反复涂抹清凉油、风油精或红花油，可以祛毒消肿。如果有消毒的针，可刺破肿包，把毒血和黄水毒汁挤出来，然后再在伤口上抹上消炎药，会好得更快。

●蝎子蜇伤

蝎子是最毒的昆虫之一，它的尾巴上有一个与毒腺想通的尖钩。

如果被蝎子蜇伤部位是四肢，应立即把伤口上方缠住，以免毒素扩散。然后拔出毒钩，通过挤压、吮吸等方式尽可能排出被毒液污染的血液。有条件的，可用 5% 的苏打水清洗伤口。如果被蜇伤的是儿童，或者伤者中毒较为严重，在应急处理后最好再找医生治疗。

●蜜蜂蜇伤

蜜蜂尾部长有毒刺，如果不小心被蜜蜂蜇伤，皮肤会红肿发痛。

如果是普通蜜蜂，被蜇伤后用镊子小心拔出蜂刺，然后用肥皂水、5% 的苏打水清洗、涂抹伤口，过几天伤口就会退肿。

如果蜇人的是马蜂等毒蜂，或全身被蜇伤多处，蜂毒可能会侵入内脏。遇到这种情况，在快速应急处理伤口后，应立即送医诊治。

●蚂蟥叮咬

蚂蟥多见于南方，生活在水中。

下水活动时，如果被蚂蟥叮上，切忌使劲儿拉，这样只会使它越吸越紧。明智的做法是用力拍打蚂蟥，使蚂蟥吸盘松开，然后再在蚂蟥身上撒一些食盐，它就会蜷缩身子掉下来。一般情况下，被蚂蟥叮一下，挤出一些血就没事了。不过为了防止伤口感染，抹一些碘酒消毒比较保险。

●壁虱吸血

壁虱是林中名副其实的“吸血鬼”，吸血时头钻进皮肤里，腹部留在外面。

发现被壁虱叮上后，千万别用手去硬拉，以免将壁虱拉得身首异处，结果把脑袋留在了皮肤里。正确的做法是，用烟头或火柴烫它的背，这样它会自己松开。如果壁虱无法整个除掉，就应该去医院就诊。

●毒蛇咬伤

① 在咬伤的第一时间，用橡皮带、绳子、布条等

快速结扎伤口上方，以阻止静脉血回流，减少毒液的扩散，最好在 3 分钟内完成。

② 扎好之后，检查是否有毒牙残留，如有毒牙，应立即取出毒牙，并快速挤出或吮吸出毒血（吮吸蛇毒时，一定要边吸边吐，并不时用清水漱口，切忌咽下毒液。口腔有溃疡、破损的人不宜吮吸，否则容易中毒）。

③ 然后用肥皂水、清水等反复清洗伤口和周围皮肤（要是有过氧化氢或高锰酸钾溶液最好），切忌用酒精或白酒冲洗。

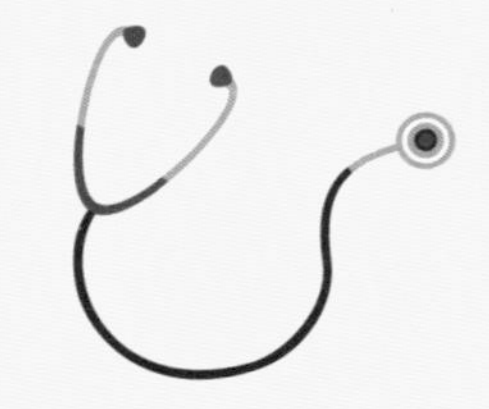

④ 包扎、去毒后，应该立即送往医院就诊。如果路途较远，注意每隔 20 分钟左右要将捆绑处放松 2~3 分钟，以免肢体坏死。如果毒蛇已被打死，最好捡回毒蛇，以便医生对症下药。

食物中毒了怎么办?

发生食物中毒时，最好的做法是立即就医。如果中毒严重却一时找不到医生，应该立即采取一些自救措施以避免发生危险。

●催吐

如果食物进入腹中在两小时之内，应想办法尽量把有毒食物吐出来。

① 泡一杯盐水，一次性喝下，或取二两生姜，捣出姜汁，冲温水喝下，多喝几杯以催吐。

② 用筷子、手指等轻抠喉咙，也可以起到催吐效果。

●导泻

如果食物进入腹中已超过两个小时，多半已吐不出来。这时，可服用水煎番泻叶来导泻，使有毒残渣快速排出体外。

怎样应对生活中的小意外？

●旅途中起了脚泡怎么办？

① 先用热水泡脚；

② 把脚皮泡软后，用消过毒的针刺破脚泡，挤出里面的脓；

③ 在伤口处抹上消炎杀菌的药。

●手被刺扎了怎么办？

有的刺，如茄子、冬瓜、仙人掌等植物身上的刺十分细小，扎进皮肤很难拔出。最好的办法是在被扎的地方贴一片止痛膏，然后在灯下烘一会儿，再将止痛膏快速揭去，软刺会被连根拔出。

●鼻孔里有异物取不出怎么办？

如果一侧鼻孔里塞入了异物，办法是嗅一嗅辣椒水，或用毛茸茸的东西刺激一下鼻孔，然后响亮地打一个喷嚏，鼻子里的异物就会被喷出来。

●夏季得了脚气病怎么办？

把脚洗净擦干，然后抹上一些风油精或花露水，早晚各一次，有很好的治疗效果。

如果脚背上长水泡，可将水泡刺破抹一些花露水，虽然比较疼，但不几天水泡就会好。

怎样让小东西发挥大作用？

生活中并不缺乏惊喜，而是缺少发现。

在日常生活中，我们的身边有着很多习以为常的“奇效物”，我们只把它们当普通用品对待，甚至把它们视为垃圾，却不知道它们有着很多神奇、广泛的用途。而猫妈懂得，生活需要“拾遗”。用心去发现这些“奇效物”，生活就会充满乐趣，且过得与众不同。

残茶妙用

茶叶是宝，茶水是宝，泡过的残茶叶也是宝。你一定想不到，被我们随手倒掉的残茶，竟会有这许多妙用。

●干净的残茶叶煮鸡蛋

要煮美味的茶鸡蛋，用残茶叶就可以。没用过的茶叶煮蛋反而苦味重，不如用残茶叶煮的清香可口。不过，一定要选取卫生、新鲜的残茶叶。

●残茶叶去葱、蒜异味儿

吃了葱、蒜之后，口腔会留下一股难闻的气味。吃完葱、蒜后喝几口绿茶，然后把杯中的茶叶放进嘴里嚼一会儿，可以慢慢把葱、蒜味儿消除，取而代之的是满口茶叶的清香。

●残茶叶去臭、驱虫

喜欢喝茶的人可以把每天的残茶叶累积起来，晒干。把晒干的残茶叶收在布袋里，成了自制香料。放在厕所等有臭味的地方燃烧，不但能除臭，还可驱蚊。

●用残茶叶吸潮

把残茶叶晒干，然后铺撒在潮湿的地方，它会发挥干燥剂的作用，有很好的防潮效果。

●用残茶叶漱洗

隔夜残茶叶中含有丰富的纯天然酸类、氟类元素，有防止毛细血管出血及杀菌消炎等作用。用它来漱口或洗浴，可以减轻及治疗口腔出血、皮肤出血。

●用残茶叶施肥

残茶叶妙用无穷，把它作为天然肥料，施在植物根部，可以促进植物生长。

●用残茶叶填枕芯

用充分晒干的残茶叶来填充枕头，松松软软，绿色又天然，枕着它睡觉鼻前还有一丝若有若无的暗香飘过，妙不可言。

牙膏妙用

●清洁污垢

牙膏的去污功能十分强大。

① 涂抹在杯壁、不锈钢器皿、有水渍的水龙头、镜面等处，反复擦洗，能使器皿光亮如新。

② 发黑的银器，用久了底部变黑的电熨斗，抹上少许牙膏轻轻擦拭，锈迹很快会被除去。

③ 衣服上沾上油渍或少量墨渍，皮包、皮鞋上的污渍，抹上少量牙膏轻轻搓洗也可去除。

④ 地毯、墙壁、沙发等处画上了蜡笔、笔油，用湿抹布抹点儿牙膏一擦就可清除。

⑤　挤一些牙膏在手中轻轻搓洗葡萄，可去除葡萄表面的一层白色污物，使葡萄晶莹透亮。

⑥　在纸上写错了钢笔字，抹点儿牙膏轻擦，可以去除字迹。

⑦　手上的鱼腥味儿难除，用牙膏洗手，可以很好地去腥。

●作为止血、消炎等急救外用药

牙膏中含有薄荷脑、丁香油、生姜油等成分，除保健牙齿，还有消炎、止痛等不少药用价值，可用来急救。

①　小面积皮肤被烫伤时，如果身边没有其他专用药物，不妨在伤口处抹点儿牙膏，有消炎、防止感染的作用。

②　皮肤受到轻伤时，牙膏可被用作急救药物，抹在伤口上以消炎、止血、化瘀。

③　在被蜜蜂蜇、蚊虫叮咬后又痛又痒的肿包上，涂上一点儿牙膏按摩一会儿，有止痒、消肿的作用。

④　冬季手脚被冻伤（皮肤没有破损），在没有药物的情况下，可抹些牙膏在上面，有活血的作用。

⑤　夏天身上长痱子，在患处抹上牙膏，一日2~3次，几天后痱子可治愈。

⑥　旅途中头晕、头疼时，可将牙膏涂抹在额头，按摩。

⑦　得了脚气、皮肤癣，可在洗净后把牙膏涂抹在患处。

●爽身

在没有香皂、沐浴露的情况下，将牙膏融化在温水中洗澡，可去身上污泥，洗后身上凉爽，还可以预防痱子。

●去黑头

将少量牙膏抹在鼻子上有黑头的部分，轻轻按摩2~3分钟，再敷10分钟后，用温水洗去牙膏，可发现鼻上的黑头减少了。

●泡沫剂

牙膏遇水请搓可起泡沫。男子剃须时，可用牙膏代替肥皂制造出丰富的泡沫。

●粘贴小物件

用少量牙膏贴画（当然是小而轻的啦），既牢固，又不污染墙壁。想揭下来时只需往粘贴处抹点儿水就行。

购买牙膏小贴士

如果你仔细看，会发现每一管牙膏底部，都会有一短竖标志。这道标志共分为四种颜色，千万不要小看了它们，它们可代表着牙膏的身份高低呢！

猫妈：“购买牙膏的时候，一定要看好底部的颜色，最好选择绿色和蓝色的，尽量不要买黑色哦！”

绿色：表示纯天然；

蓝色：天然 + 药物；

红色：天然 + 化学成分；

黑色：纯化学成分。

橘皮、柚子皮妙用

秋天到了，满山的橘子、橙子黄灿灿。过了嘴瘾之后，可不要随手将橘皮、柚子皮等丢掉哦！用清水冲洗一下，用阳光充分晒干，日后可以在生活中派上大用场。

●泡茶

橘子皮、柚子皮中含有大量维生素C和香精油，用自然晒成的干来泡茶，茶味清香，而且有提神、通气的作用。

●提香

把晒干的橘皮、柚子皮与茶叶一同存放，可以使茶叶也沾染橘皮香，泡出的茶味儿别具一番风格。

●泡橘皮酒

将橘皮干泡在白酒中，半月后就可以泡成醇香的橘皮酒。每天喝适量橘皮酒，有清肺化痰、降低血压的功能。

●烹饪

煮粥、做饭时，放入几片橘皮，粥、饭会有一股清香。炖肉时加几片橘皮，肉味鲜美，可去油腻。

●美食材料

如果你喜欢亲自烘焙糕点，不妨尝试一下将橘子皮切丝加进面粉中，这样做出的美食可口香甜，口感十分独特。

●防蛀、驱虫

放一些橘皮、柚子皮在米桶内，还有防蛀、驱虫的功效。

瓶盖的妙用

●去姜皮

姜的形状弯曲不平，体积又小，用刀很不方便，不过换用带齿的酒瓶盖刮姜皮则十分省力。

●刮鱼鳞

将三四个带齿的酒瓶盖钉在一根长约 15 厘米左右的圆棍上，可以自制出一个很好用的刮鱼鳞器。

●使家具滑动好移

在一些家具的脚上垫上光滑的罐头瓶盖，可以使家具易于移动。

●装饰品

有些瓶盖很漂亮，如果你有足够的兴致，可以用它们组合制作各种有意思的小工艺品，拿来装点厅室，妙趣横生。

剩余美食的妙用

●刚过期的酸奶不要倒掉，用小火加热煮开后，待其晾凉，可用来做蛋糕、煎吐司。

●喝剩的可乐不要浪费，把它倒在马桶里，浸泡 10 分钟，去污效果完全不逊于洁厕灵。

●吃剩的面包渣不要随手丢掉，可以用来擦除衣服、地毯等布料上的油渍和赃物。

●变质葡萄糖粉是好肥料，捣碎后撒入花盆里，可以使吊兰、刺梅、万年青、龟背竹等植物长势茂盛。